高等职业教育系列教材

Docker 容器管理与应用项目教程

主　编　吴　进　杨运强
副主编　刘　雷　张　娜
参　编　朱晓岩　王美娜
主　审　陈玉勇　白　云

机械工业出版社

本书共有 8 个项目，分别是部署动态 Web 应用、使用数据卷、部署 Docker 网络、使用 Dockerfile 构建镜像、使用 Docker 镜像仓库、监控容器与限制资源、Docker-Compose 单机编排容器、Kubernetes 多机编排容器。

本书采用循序渐进的项目和任务来组织教学内容，通过简单任务到复杂任务的逐步递进，讲解 Docker 容器的主流技术，帮助读者深入理解镜像、容器、仓库、网络等知识，熟练部署动态 Web 和其他主流应用。

本书内容丰富，实践性和可操作性强，项目中的每个任务都有详细的操作讲解并配有微课视频，便于读者快速上手。本书可以作为职业类院校计算机网络、软件、云计算、大数据、人工智能等专业的教材，也适合作为软件开发人员、IT 实施和运维工程师学习 Docker 容器技术的参考书。

本书配有授课电子课件、项目配置文件、任务拓展训练答案、习题答案、源代码，需要的教师可登录 www.cmpedu.com 免费注册，审核通过后下载，或联系编辑索取（微信：13261377872，电话：010-88379739）。

图书在版编目（CIP）数据

Docker 容器管理与应用项目教程 / 吴进，杨运强主编．—北京：机械工业出版社，2022.7（2025.1 重印）
高等职业教育系列教材
ISBN 978-7-111-70652-6

Ⅰ.①D… Ⅱ.①吴… ②杨… Ⅲ.①Linux 操作系统-程序设计-高等职业教育-教材 Ⅳ.①TP316.85

中国版本图书馆 CIP 数据核字（2022）第 071177 号

机械工业出版社（北京市百万庄大街 22 号　邮政编码 100037）
策划编辑：王海霞　　责任编辑：王海霞
责任校对：张艳霞　　责任印制：郜　敏

中煤（北京）印务有限公司印刷

2025 年 1 月·第 1 版·第 4 次印刷
184mm×260mm·13.5 印张·334 千字
标准书号：ISBN 978-7-111-70652-6
定价：59.00 元

电话服务　　　　　　　　　　　　　网络服务
客服电话：010-88361066　　　　　　机 工 官 网：www.cmpbook.com
　　　　　010-88379833　　　　　　机 工 官 博：weibo.com/cmp1952
　　　　　010-68326294　　　　　　金 书 网：www.golden-book.com
封底无防伪标均为盗版　　　　　　　机工教育服务网：www.cmpedu.com

Preface 前 言

党的二十大报告指出，推动战略性新兴产业融合集群发展，构建新一代信息技术、人工智能、生物技术、新能源、新材料、高端设备、绿色环保等一批新的增长引擎。Docker 容器技术是计算机网络、软件、云计算、大数据、人工智能专业的必修课，是云计算专业的核心课。Docker 容器虚拟化技术颠覆了传统的应用部署方式，通过构建镜像、运行容器，可以快速部署用户熟悉的游戏网站、电商平台、企业管理系统以及主流大数据框架、人工智能框架等应用。

教材总体介绍

由于 Docker 容器运维需要掌握的知识和技能点很多，而高职学生在校学习时间有限，这就要求具备一线教学和实践经验的教师进行总结，提炼出学生必备的知识和技能，以循序渐进的项目和任务组织内容，通过一个学期的任务实践，让学生具备 Docker 容器技术运维能力，快速构建和部署单机和集群应用，胜任企业中级运维岗位的要求。

本书的主要内容及学时分配如下表所示。

主要内容	学时
项目 1 部署动态 Web 应用	10
项目 2 使用数据卷	6
项目 3 部署 Docker 网络	6
项目 4 使用 Dockerfile 构建镜像	14
项目 5 使用 Docker 镜像仓库	6
项目 6 监控容器与限制资源	6
项目 7 Docker-Compose 单机编排容器	8
项目 8 Kubernetes 多机编排容器	18

本书最大的特点就是教材编写组成员能够根据多年一线教学实践经验设计项目和任务，让学生每次上课都有具体的工作需要完成，在完成任务、看到结果的同时激发学生的学习兴趣，掌握相关的知识和技能，从而使课堂生动高效。

同时，编写组成员花费大量时间精心录制了微课视频，使刚接触 Docker 容器技术的教师和同学能够通过视频进行快速高效的学习。除了微课视频，本书还配套了电子课件、项目配置文件、任务拓展训练答案、习题答案、源代码等丰富的配套资源，提高教学效率。

本书由吴进、杨运强主编。编写分工如下：辽宁生态工程职业学院吴进编写项目 1～3 和项目 6 中的任务 6.2，辽宁生态工程职业学院杨运强编写项目 4、项目与 5 和项目 6 中的任务 6.1，辽宁生态工程职业学院刘雷编写项目 7、项目 8 中的任务 8.1 和任务 8.2（8.2.1 和 8.2.2），辽宁生态工程职业学院朱晓岩编写项目 8 中的任务 8.2（8.2.3 和 8.2.4）、任务 8.3 和任务 8.4。沈阳职业技术学院张娜负责教学课件和教案的制作，沈阳医学院王美娜负责本书的拓展训练和微课视频脚本的编写。

由于本书编写时间仓促，书中难免出现问题，还请读者批评指正。

编 者

目录 Contents

前言

项目 1 / 部署动态 Web 应用 ·········· 1

任务 1.1　安装登录 CentOS 7.8
　　　　　服务器 ·········· 1
　1.1.1　使用 VMware 安装 CentOS 7.8 虚
　　　　拟机 ·········· 1
　1.1.2　使用 Xshell 登录虚拟机 ·········· 8
任务 1.2　用常规方法部署 Web
　　　　　应用 ·········· 11
　1.2.1　搭建 Lamp 服务环境 ·········· 11
　1.2.2　部署动态 Web 应用 ·········· 14
任务 1.3　用 Docker 容器部署 Web
　　　　　应用 ·········· 18
　1.3.1　安装 Docker 服务 ·········· 18
　1.3.2　运维镜像 ·········· 23
　1.3.3　运维容器 ·········· 26
　1.3.4　用容器部署动态 Web 应用 ·········· 29
习题 ·········· 31

项目 2 / 使用数据卷 ·········· 33

任务 2.1　持久化容器数据 ·········· 33
　2.1.1　数据卷技术概述 ·········· 33
　2.1.2　持久化 MySQL 容器数据 ·········· 37
任务 2.2　同步多容器数据 ·········· 43
　2.2.1　使用绑定挂载 ·········· 43
　2.2.2　绑定挂载目录配置 Web 集群 ·········· 46
　2.2.3　绑定挂载文件配置 Nginx 服务 ·········· 49
习题 ·········· 52

项目 3 / 部署 Docker 网络 ·········· 54

任务 3.1　认识 Docker 网络 ·········· 54
　3.1.1　容器网络互联方式 ·········· 54
　3.1.2　自定义容器网络 ·········· 63
任务 3.2　构建跨主机容器网络 ·········· 66
　3.2.1　Macvlan 跨主机网络概述 ·········· 67
　3.2.2　部署 Macvlan 跨主机网络 ·········· 67
习题 ·········· 71

项目 4　使用 Dockerfile 构建镜像 ……………… 73

任务 4.1　构建 SSH 服务镜像 ……… 73
- 4.1.1　使用 docker commit 方法构建 SSH 镜像 ……… 73
- 4.1.2　使用 Dockerfile 构建 SSH 镜像 … 78

任务 4.2　构建 Web 服务镜像 ……… 84
- 4.2.1　构建 Apache 服务镜像 ……… 84
- 4.2.2　构建 Tomcat 服务镜像 ……… 91

任务 4.3　构建 Web 应用镜像 ……… 94
- 4.3.1　构建 PHP Web 应用镜像 ……… 94
- 4.3.2　构建 Java Web 应用镜像 ……… 99
- 4.3.3　构建 Python Web 应用镜像 …… 102
- 4.3.4　搭建 PHP 动态 Web 应用集群 ……… 104

习题 ……………………………………… 109

项目 5　使用 Docker 镜像仓库 ……………………………… 111

任务 5.1　使用 Docker Hub 公有仓库 ……… 111
- 5.1.1　创建 Docker Hub 仓库账户 …… 111
- 5.1.2　推送下载镜像 ……………… 115

任务 5.2　构建私有仓库 ……………… 118
- 5.2.1　创建 Registry 私有仓库 ……… 118
- 5.2.2　创建 Harbor 企业级私有仓库 … 123

习题 ……………………………………… 133

项目 6　监控容器与限制资源 ……………………………… 135

任务 6.1　监控容器 ……………… 135
- 6.1.1　容器监控级别 ……………… 135
- 6.1.2　使用工具监控容器 ………… 136

任务 6.2　限制容器资源 ……………… 146
- 6.2.1　Cgroup 技术概述 …………… 146
- 6.2.2　限制容器使用 CPU …………… 147
- 6.2.3　限制容器使用内存 …………… 151
- 6.2.4　限制容器使用磁盘 …………… 152

习题 ……………………………………… 154

项目 7　Docker-Compose 单机编排容器 ……… 155

任务 7.1　编排 Wordpress 博客应用 ……… 155
- 7.1.1　安装 Docker-Compose ……… 155
- 7.1.2　编排 Wordpress 博客应用 …… 160

任务 7.2　编排 Web 集群服务 ……… 164

7.2.1　编排单个动态 Web 服务……… 164
7.2.2　编排动态 Web 集群服务……… 167

习题…………………………………………172

项目 8　Kubernetes 多机编排容器……………174

任务 8.1　安装 Kubernetes 双节点环境……………………… 174

8.1.1　Kubernetes 概述……………… 174
8.1.2　双节点基础配置……………… 176
8.1.3　安装 Kubernetes 组件………… 179
8.1.4　配置命令补全功能…………… 182

任务 8.2　使用命令编排多机容器… 183

8.2.1　创建 Pod 服务单元…………… 183
8.2.2　创建 Deployment 控制器……… 186
8.2.3　创建服务发现暴露应用……… 189
8.2.4　更新与回滚服务版本………… 191

任务 8.3　使用 YAML 文件编排多机容器…………………… 193

8.3.1　YAML 文件概述……………… 194
8.3.2　使用 YAML 文件创建 Pod……… 194
8.3.3　使用 YAML 文件创建 Deployment 控制器…… 197
8.3.4　使用 YAML 文件创建服务发现………………………… 199

任务 8.4　使用 Kubernetes 部署动态 Web 集群……………… 201

8.4.1　Web 集群部署架构…………… 202
8.4.2　搭建 NFS 服务………………… 202
8.4.3　部署动态 Web 集群…………… 203
8.4.4　部署 MySQL 数据库…………… 207

习题…………………………………………210

项目 1　部署动态 Web 应用

本项目思维导图

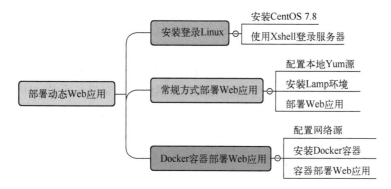

▶任务 1.1　安装登录 CentOS 7.8 服务器

　学习情境

你刚入职一家网络运维公司，公司的主营业务是帮助客户搭建 Web 应用服务。技术主管要求你使用 VMware 15 安装一台虚拟 Linux（CentOS 7.8）服务器，并使用 Xshell 工具登录到服务器上。

教学内容

1）安装虚拟服务器
2）熟悉 VMware 常用操作
3）使用 Xshell 登录服务器

　教学目标

知识目标：
1）了解 Linux 发展历史
2）掌握使用 Xshell 登录虚拟机的步骤
能力目标：
1）会使用 VMware 安装 Linux 服务器
2）会使用 VMware 管理 Linux 服务器
3）会使用 Xshell 登录虚拟机

1.1.1　使用 VMware 安装 CentOS 7.8 虚拟机

1-1
使用 VMware
安装 CentOS
7.8 虚拟机

1.1.1.1　认识 Linux

Linux 是一套开放源代码的操作系统，诞生于 1991 年 10 月 5 日（第一次正式向外公布），由芬兰学生 Linus Torvalds 和后来陆续加入的众多爱好者共同开发完成。Linux 是一个基于 POSIX 和 UNIX 的多用户、多任务、支持多线程和多 CPU 的操作系统。

1. Linux 概况

Linux 能运行主要的 UNIX 工具软件、应用程序和网络协议，可支持 32 位和 64 位硬件。Linux 继承了 UNIX 以网络为核心的设计思想，是一个性能稳定的多用户网络操作系统。Linux 存在着许多不同的版本，但它们都使用了 Linux 内核，可安装在各种计算机设备中，比如：手机、平板计算机、路由器、视频游戏控制台、台式计算机、大型机和超级计算机。严格来讲，Linux 这个词本身只表示 Linux 内核，但实际上人们已经习惯了用 Linux 来形容整个基于 Linux 内核，并且使用各种 GNU[①]工具和数据库的操作系统。

Linus Torvalds 被称作 Linux 之父，著名的计算机程序员、黑客。Linux 内核的发明人及该计划的合作者。他利用业余时间及器材创造出了这套当今全球最流行的操作系统内核之一，现受聘于开放源代码开发实验室（OSDL：Open Source Development Labs, Inc），全力开发 Linux 内核。

Linux 是一个诞生于网络、成长于网络且成熟于网络的神奇操作系统。1991 年，当时还是大学生的 Linus Torvalds 萌发了开发一个自由的操作系统的想法，于是，Linux 就诞生了，为了不让这个羽毛未丰的操作系统夭折，Linus Torvalds 将 Linux 通过 Internet 发布。从此一大批知名的、不知名的计算机黑客、编程人员加入到开发过程中来，一场声势浩大的运动应运而生，Linux 逐渐成长起来。

Linux 一开始是要求所有的源码必须公开，并且任何人均不得从 Linux 交易中获利。然而这种纯粹的自由软件的理想对于 Linux 的普及和发展是不利的，于是 Linux 开始转向 GPL，成为 GNU 阵营中的主要一员。

Linux 凭借优秀的设计、不凡的性能，加上 IBM、Intel、Oracle 等国际知名企业的大力支持，市场份额逐步扩大，逐渐成为主流操作系统之一。

2. Linux 内核版本

使用命令 uname -r 查看 Linux 内核版本号，如图 1-1 所示。

```
File Edit View Search Terminal Help
[root@root Desktop]# uname -r
2.6.32-696.el6.x86_64
[root@root Desktop]#
```

图 1-1　Linux 内核版本

该内核版本号 2.6.32-696.el6.x86_64 中各项的含义如下。

- 2：当前内核主版本号。
- 6：当前内核次版本号。
- 32-696：32 表示当前内核更新次数，696 表示当前内核修补次数。
- el6：当前内核为 RHEL6 系列的。
- x86_64：代表这是 64 位的系统。

3. Linux 发行版本

Linux 有很多发行版本，就像 Windows 有 Windows XP、Windows 7、Windows 10。虽然这个类比不是很恰当，但是对于初学者来说可以暂时这样理解。在全球范围内有上百款 Linux 发行版，常见的主流发行版如图 1-2 所示。

[①] GNU 是 Richard Stallman 于 1975 年在 MIT 所成立的 Free Software Foundation（FSF）中所执行的一项计划。GNU 工程的目标是创建一套完全自由、开放的操作系统。

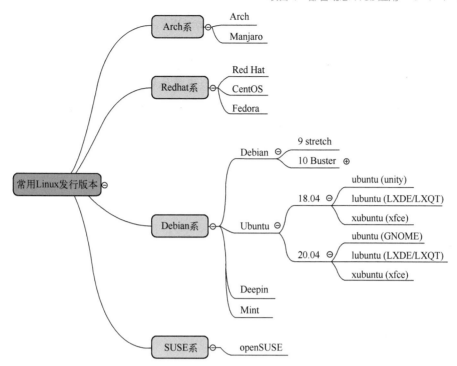

图 1-2　Linux 常用发行版本

1.1.1.2　安装虚拟机

1．使用 VMware 15 新建虚拟机

1）首先在计算机的 E:盘（非还原磁盘）建立名称为 Linux 的文件夹，然后打开 VMware 15 软件，在主页选项卡下单击创建新的虚拟机按钮，选择典型（推荐）选项，单击"下一步"按钮，安装来源选择"稍后安装操作系统"单选按钮，如图 1-3 所示。

2）单击"下一步"按钮，客户机操作系统选择"Linux"单选按钮，版本选择"CentOS 7 64 位"，如图 1-4 所示。

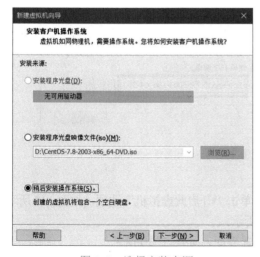

图 1-3　选择安装来源

图 1-4　选择操作系统和版本

3）单击"下一步"按钮，虚拟机设置名称为 CentOS 7。将虚拟机文件保存到开始建立的 E:盘的 linux 目录下，如图 1-5 所示。

4）单击"下一步"按钮，磁盘容量选择默认的 20GB，将虚拟磁盘拆分成多个文件。

5）单击"下一步"按钮，可以看到新建的虚拟机整体概况，如图 1-6 所示。

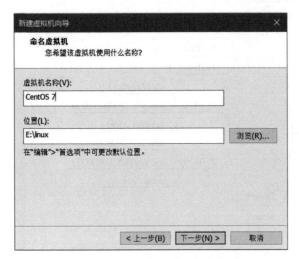
图 1-5 设置虚拟机名称和保存位置

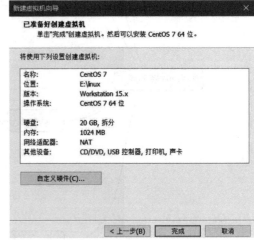
图 1-6 新建虚拟机概况

6）单击"完成"按钮，在 VMware 左上侧，选择"CentOS 7"，双击"设备"下的"CD/DVD(IDE)"选项，设置 CD/DVD(IDE)使用 ISO 镜像文件，位置是已经下载的 CentOS 7.8 镜像文件，如图 1-7 所示。单击"确定"按钮，就可以安装 CentOS 7 操作系统了。

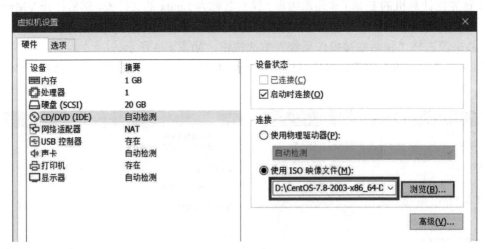
图 1-7 选择镜像文件

2. 虚拟机安装操作系统

1）选择"我的计算机"下的"centos7"选项，单击"开启此虚拟机"选项，如图 1-8 所示。

2）选择"Install CentOS 7"选项，如图 1-9 所示。

3）系统进行安装环境的准备后，进入安装配置界面，如图 1-10 所示。

项目 1 部署动态 Web 应用

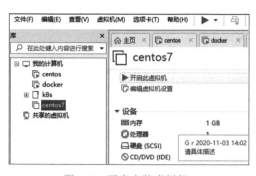

图 1-8 开启安装虚拟机

图 1-9 选择"Install CentOS 7"选项

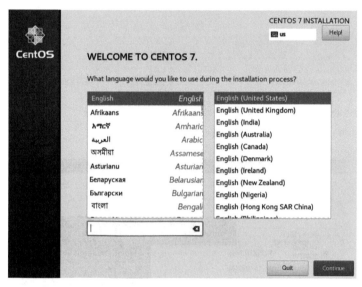

图 1-10 进入安装配置界面

4）在语言选项中，选择"中文"和"简体中文（中国）"，单击"Continue"按钮，进入安装信息界面。在安装信息摘要界面中要注意两个选项，一是安装位置选项，选择安装位置后即完成自动分区操作；二是网络和主机名选项，初学者一般要启动网络，这样才方便远程登录操作。操作方法是选择网络和主机名后再单击右上角的"打开"按钮自动获取 IP 地址，然后单击左上角的"完成"按钮，如图 1-11 所示。

5）回到安装信息摘要界面，单击"开始安装"按钮，开始正式安装虚拟机。在系统安装时，需要给 root 用户设置一个密码，为简单起见，这里设置密码为 1，单击两次"完成"按钮。虚拟机安装完成后，单击右下角的"重启"按钮就可以启动虚拟机了。

3．使用 VMware 管理虚拟机

（1）使用 VMware 开机、关机、重启虚拟机

使用 VMware 可以对虚拟机进行基本的管理，常用的管理有开机、关机、拍摄快照、克隆等操作。

选择 CentOS 7 并右击，在弹出的快捷菜单中选择"电源"命令，在"电源"子菜单中可以对虚拟机进行启动、挂起、重启、关闭等操作，如图 1-12 所示。

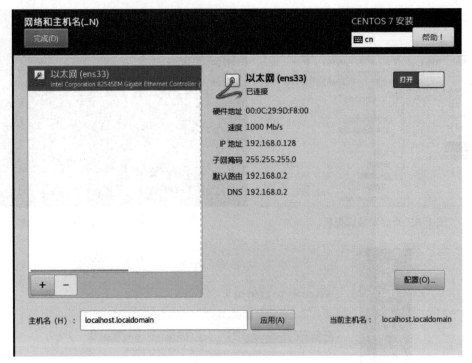

图 1-11 开启网络

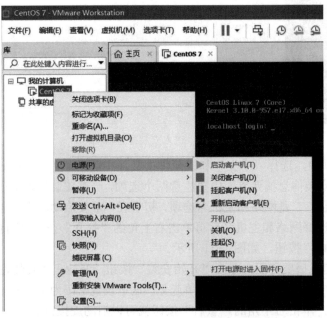

图 1-12 开机、关机、重启虚拟机

（2）拍摄快照

拍摄快照是指对虚拟机的当前状态做一个备份，当系统出现问题时，可以及时地恢复到系统当前的状态。这个功能非常有用，一般情况下，建议在安装完操作系统后拍摄一个快照，这样在出现问题的时候通过快照就可以快速恢复系统，不需要重新安装虚拟机和操作系统。

拍摄快照的具体操作方法是：如图 1-13 所示，右击"CentOS 7"，从弹出的快捷菜单中选择"快照"→"拍摄快照"命令，在弹出的"CentOS 7-拍摄快照"对话框中，输入快照的名称为"新装系统"（如图 1-14 所示），单击"拍摄快照"按钮就可以备份虚拟机的当前状态了。

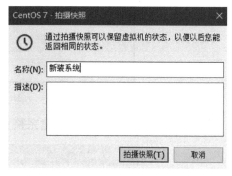

图 1-13 拍摄快照　　　　　　　　　图 1-14 输入快照名称和描述

拍摄快照后，在虚拟机菜单的"快照"选项中就出现了新装系统的快照，如图 1-15 所示。当系统出现问题的时候，就可以使用它及时恢复虚拟机了。

图 1-15 使用快照恢复系统

（3）克隆虚拟机

当想搭建多台虚拟机集群服务的时候，只需要使用 VMware 的克隆虚拟机功能。克隆虚拟机的具体操作方法是：首先使用 VMware 的关闭功能关闭虚拟机，然后右击"CentOS 7"，在弹出的快捷菜单中选择"管理"→"克隆"命令，如图 1-16 所示。

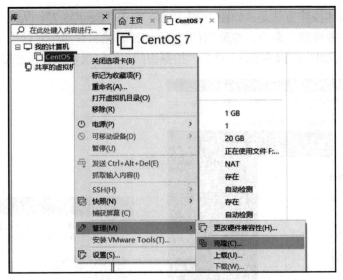

图 1-16 克隆虚拟机

在克隆类型中，一般选择创建完整克隆，如图 1-17 所示。

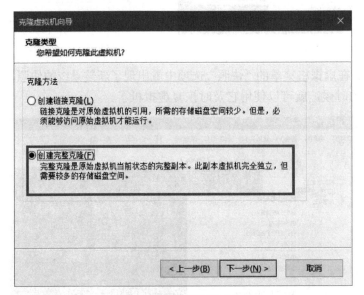

图 1-17 创建完整克隆

接下来，需要为克隆的虚拟机指定名称和安装位置，然后单击"完成"按钮就可以完成虚拟机的克隆。一台新的虚拟机服务器就被创建成功了。

1.1.2 使用 Xshell 登录虚拟机

在生产环境（即实际工作）中，通常不需要到机房去操作服务器，而是通过远程登录工具登录到服务器进行服务器的配置和管理。下面介绍如何使用 Xshell 远程登录工具登录到刚才安装的 CentOS 7 服务器。

1. 查看服务器 IP 地址

首先开启虚拟机，将 CentOS 7 服务器开机，在登录界面输入 Localhost Login:处输入用户名

root，密码是安装系统时候设置的 1，进入系统后，输入命令 ip addr 查看网络配置，如图 1-18 所示，看到虚拟机网卡 Ens33 的 IP 地址是 192.168.0.128，使用这个地址可以远程登录这台服务器。

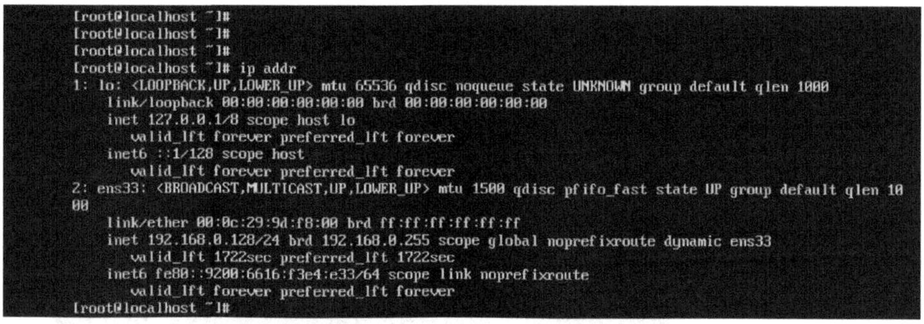

图 1-18　查看网络配置

2．开启 VMnet 8 网络连接

VMware 在 Windows 系统中安装 VMnet1 和 VMnet 8 网络，安装虚拟机时默认采用 NAT 网络模式。NAT 网络模式使用的是 VMnet 8 网络，所以在登录 CentOS 7 服务器之前需要打开 VMnet 8 网络，在"开始"菜单中选择"运行"命令，打开"运行"对话框，输入"ncpa.cpl"进入网络配置页面。如果没有启用 VMnet8，一定要将它启用。

3．配置 Xshell 登录服务器

1）打开已经安装好的 Xshell 软件，在弹出的会话窗口中使用"文件"→"新建"命令创建一个新的会话。在"名称"文本框中设置会话的名称，在"主机"文本框中填写 CentOS 7 虚拟机的 IP 地址 192.168.0.128（该项必填），如图 1-19 所示。

图 1-19　新建会话

2）单击"查看"按钮，在"会话管理器"窗格中可以看到 Xshell 的所有会话，如图 1-20 所示。

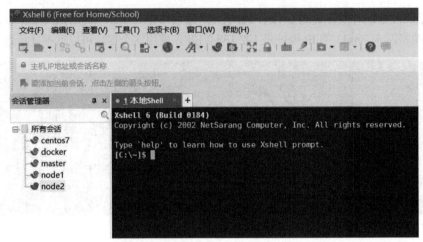

图 1-20 会话管理器

3）双击 CentOS 7 会话，接受并保存后，输入用户名"root"和密码"1"，就可以进入在 VMware 中安装的虚拟服务器了。通过 Xshell 的工具栏调整界面颜色和字体大小，设置界面颜色为"Black on White"选项，如图 1-21 所示。设置字体大小为 12，如图 1-22 所示。

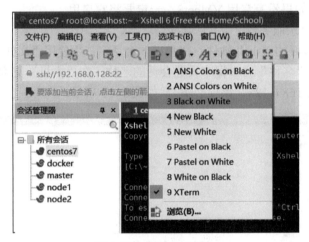

图 1-21 调整界面颜色

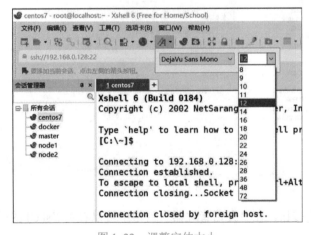

图 1-22 调整字体大小

任务拓展训练

1）在自己的笔记本计算机中动手安装一台虚拟机，操作系统为 CentOS 7.8。
2）使用 Xshell 登录 CentOS 7.8，调整字体和终端显示效果。

▶任务 1.2 用常规方法部署 Web 应用

学习情境

你完成了 CentOS 7.8 虚拟服务器的创建和登录工作，技术主管要求你在这台服务器上部署 Lamp 运行环境，并部署 PHP 动态 Web 网站。

 教学内容

1）安装 Lamp 服务运行环境
2）部署 PHP 动态企业网站

教学目标

知识目标：
1）掌握系统、服务、应用的区别
2）掌握安装 Lamp 服务环境的方法
3）掌握 PHP 动态网站的部署方法
能力目标：
1）会安装 Lamp 服务环境
2）会部署 PHP 动态网站应用

1.2.1 搭建 Lamp 服务环境

1. 理解服务器应用四层架构

在学习 Linux 部署服务和应用的时候，头脑中一定要有一个清晰的 4 层架构概念，分别是硬件资源、操作系统、服务环境、应用程序，如图 1-23 所示，硬件资源就是 CPU、内存、磁盘、网络等资源，操作系统就是 Linux，可以是 Linux 的各种版本。服务环境就是当你要部署一个应用程序的时候，要有相应的服务进行支持，比如部署 PHP 应用程序，通常就需要有 Apache 网站服务、MariaDB 数据库服务、PHP 脚本语言服务进行支持。最上层的就平时使用的应用程序了，比如各种 App 和网页应用的后端程序，比如淘宝、美团、微信、企业网站、游戏等。

1-3 搭建 Lamp 服务环境

图 1-23 服务器应用四层架构

2. 搭建 Lamp 架构

Lamp 服务是 Linux、Apache、MySQL（MariaDB）、PHP 四个服务的简称，其中 Linux 是操作系统，Apache 提供静态网页服务，MySQL（MariaDB）提供数据库服务，PHP 负责解释执行 PHP 脚本程序，在任务一中，已经使用 VMware 虚拟化了硬件资源并安装了操作系统 Linux（CentOS 7.8），完成了第一层和第二层工作，现在来安装 Apache、MySQL（MariaDB）、PHP 服务，即完成第三层服务环境的部署。

在大多数情况下，使用 Yum 安装方式安装服务，要想使用 Yum 安装 Apache、MySQL

（MariaDB）、PHP 这些服务，首先需要配置 Yum 的安装源，Yum 软件源即可以在本地，也可以在网络上。在本地的 centos-7.8-2003-x86_64-dvd 镜像文件中包含 Apache、MySQL（MariaDB）、PHP 这几个需要安装的服务，所以这里只需要配置本地 Yum 源。

（1）配置本地 Yum 源

1）挂载本地光驱到/mnt 目录。

```
[root@localhost ~]# mount /dev/sr0 /mnt
```

/dev/sr0 代表光驱文件，是光驱上的 centos-7.8-2003-x86_64-dvd。

2）在/etc/yum.repos.d 目录配置 local.repo，yum 源路径指向/mnt 目录。

```
[root@localhost ~]# rm -rf /etc/yum.repos.d/*
[root@localhost ~]# vi /etc/yum.repos.d/local.repo
```

首先删除系统提供的源，这些源一般都比较慢，然后创建 local.repo 本地源文件，在文件中输入以下配置。

```
[local]
name=centos7
baseurl=file:///mnt
gpgcheck=0
```

其中，[]代表源的标识，name 是源的名称，baseurl 是源的路径，需要使用//加上文件的路径，gpgcheck=0 代表不检查软件包，因为是在本地。

配置完成后可以使用 yum repolist 命令检查 yum 源信息。

```
[root@localhost ~]# yum repolist
源标识                  源名称                      状态
local                   centos7                    4,071
repolist: 4,071
```

（2）安装和配置 Apache 服务

1）安装并启动 Apache 服务。

Apache 服务的名称是 httpd，使用 yum install httpd –y 命令就可以安装本地源中的 httpd 软件。

```
[root@localhost ~]# yum install httpd -y
```

在安装结束后，如果显示如下内容，就说明安装成功了。

```
  httpd.x86_64 0:2.4.6-93.el7.centos
[root@localhost ~]# systemctl start httpd              //启动 Apache 服务
[root@localhost ~]# firewall-cmd --add-service=http --permanent
                                                        //防火墙放行 http
[root@localhost ~]# firewall-cmd --reload              //重启防火墙
[root@localhost ~]# firewall-cmd --list-services       //查看防火墙放行列表
dhcpv6-client http ssh
```

使用 yum install 命令安装 Apache（httpd）服务，启动服务，将 http 服务加入到防火墙放行列表后，使用浏览器就可以通过 http://服务器的 IP 地址访问 Apache 的默认主页了，如图 1-24 所示。

图 1-24　访问 Apache 的默认主页

2）上传自己制作的页面。

Apache 的默认网站目录是/var/www/html 目录，如果想把自己制作的页面部署到服务器上，只需要把自己做的网站文件夹上传到这个目录即可，这里以创建一个简单的 index.html 为例进行演示。

```
[root@localhost ~]# cd /var/www/html         //切换到默认目录
[root@localhost html]# echo hello > index.html   //写hello内容到index.html
```

使用浏览器访问地址 http://服务器 IP 地址，即可查看 index.html 的网页内容，如图 1-25 所示。

图 1-25　部署自己的页面

（3）安装 PHP 服务

部署 PHP 动态网页需要数据库的支持，所以除了要安装 PHP，还要安装 PHP 与数据库的连接驱动和 PHP 的图形库组件。

```
[root@localhost ~]# yum install  -mysql php-gd -y
```

在安装结束后，如果显示如下内容，就说明安装成功了。

```
php.x86_64 0:5.4.16-48.el7    -gd.x86_64 0:5.4.16-48.el7
-.x86_64 0:5.4.16-48.el7
```

安装完成后，需要重新启动一下 httpd 服务，因为 PHP 是作为 httpd 的一个插件来使用的。

```
[root@localhost ~]# systemctl restart httpd
[root@localhost ~]# cd /var/www/html
[root@localhost html]# rm -rf index.html
[root@localhost html]# vim index.php
```

重启 httpd 服务之后，进入/var/www/html 目录，删除之前创建的 index.html 页面，创建 index.php 动态页，填入基本的 PHP 代码如下。

```
<?php
   phpinfo();
?>
```

其中，<?php ?>是编写 PHP 脚本的格式，"phpinfo();"则是当前 PHP 服务器的版本等信息，如图 1-26 所示。

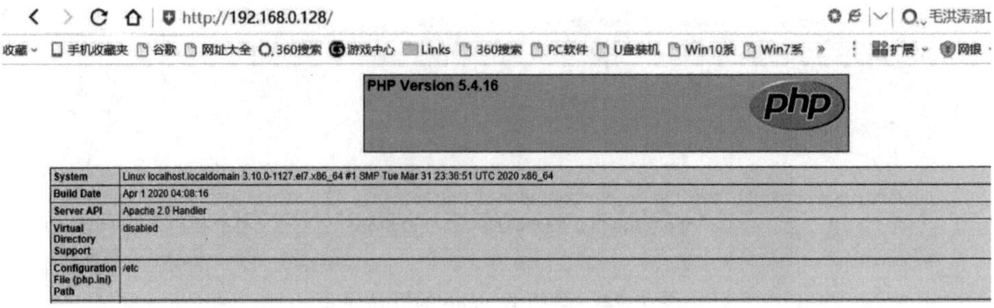

图 1-26　浏览 PHP 动态页面

（4）安装 mariadb 服务

1）安装并启动数据库服务 mariadb。

mariadb 是数据库服务，它在使用上基本等同于 MySQL，安装方法也很简单。

```
[root@localhost ~]# yum install mariadb mariadb-server -y
```

在安装结束后，如果显示如下内容，就说明安装成功了。

```
   mariadb.x86_64 1:5.5.65-1.el7
mariadb-server.x86_64 1:5.5.65-1.el7
```

使用 Yum 安装客户端 mariadb 和服务器端 mariadb-server，安装完成后，启动服务。

```
[root@localhost ~]# systemctl start mariadb
```

2）初始化数据库。

```
[root@localhost ~]# mysql_secure_installation
```

使用 MySQL_Secure_Installation（命令可以补全）初始化了 MariaDB 的配置。

```
Enter current password for root (enter for none):     // 输入数据库密码，默认密码为空，直接按〈Enter〉键
Set root password? [Y/n] y           //要求设置数据库密码，选择 y
New password:                        //设置数据库密码为 1
Re-enter new password:               //再次设置数据库密码为 1，两次要一致
Remove anonymous users? [Y/n] y      //移除匿名用户吗，移除选择 y
Disallow root login remotely? [Y/n] y //是否拒绝 root 用户远程登录，拒绝选择 y，允许选择 n
Remove test database and access to it? [Y/n] y //是否移除测试的数据库，移除选择 y
Reload privilege tables now? [Y/n] y    //是否重新加载数据表权限，选择 y
```

以上设置了 MariaDB 数据库 Root 用户的数据库密码等基本信息。至此，Lamp 架构就都安装完成了。

1.2.2　部署动态 Web 应用

安装了 Lamp 服务环境之后，需要部署动态网站，下面以一个内容管理系统（CMS）为例，讲解如何部署 PHP 动态 Web 应用。

1-4
部署动态 Web 应用

1.2.2.1 上传 Web 应用

1. 上传压缩包

在 Windows 系统下，将内容管理系统（CMS）压缩成 zip 格式，然后使用 rz 命令上传到 /root 目录下。

```
[root@localhost ~]# yum install lrzsz -y
```

安装 lrzsz 服务后，即可以使用 rz 上传 Windows 文件到 Linux 系统中。

```
[root@localhost ~]# rz  //输入 rz 命令后按 Enter 键，弹出对话框，选择压缩文件
[root@localhost ~]# ls          //查看上传的 dami.zip 文件
anaconda-ks.cfg  dami.zip
```

2. 将上传的 dami.zip 文件解压缩

```
[root@localhost ~]# yum install unzip -y //安装 unzip 服务
[root@localhost ~]# unzip dami.zip             //解压缩 dami.zip 文件
```

3. 复制 dami 目录下的所有文件到 /var/www/html

```
[root@localhost ~]# cd dami
[root@localhost dami]# cp -r * /var/www/html   //复制 PHP 程序文件到 httpd 默认首页路径
```

1.2.2.2 安装 Web 应用

在浏览中输入"http://服务器 IP 地址"，即可进入内容管理系统安装页面，如图 1-27 所示。

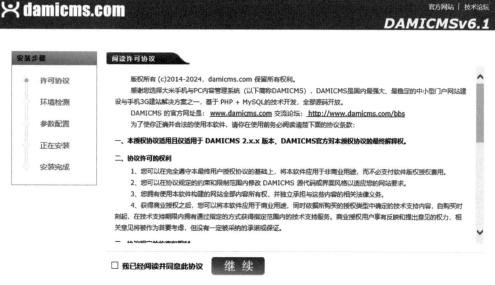

图 1-27　部署 PHP 动态应用

选择"我已经阅读并同意此协议"复选框，单击"继续"按钮，在"目录权限检测"选项组中发现"写入权限"有几处显示为红色，如图 1-28 所示。

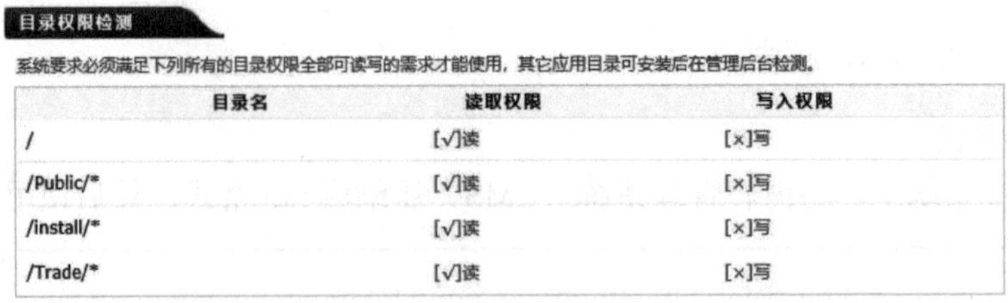
目录权限检测

系统要求必须满足下列所有的目录权限全部可读写的需求才能使用，其它应用目录可安装后在管理后台检测。

目录名	读取权限	写入权限
/	[√]读	[×]写
/Public/*	[√]读	[×]写
/install/*	[√]读	[×]写
/Trade/*	[√]读	[×]写

图 1-28　写入权限显示为红色

这是因为需要将这几处的权限设置为可写，Web 站点才能正常工作，解决的办法是设置 /var/www/html 的可读、可写、可执行权限。

```
[root@localhost dami]# setenforce 0                  //设置 SELinux 不生效
[root@localhost dami]# chmod -R 777 /var/www/html    //修改 /var/www/html
和它的子目录权限为可读、可写、可执行。
```

设置完成后刷新，发现红色内容变为绿色，单击“继续”按钮，在如图 1-29 所示的界面中，输入初始化数据库时设置的密码，然后在“数据库名称”文本框中输入数据库名，系统会自行创建这个数据库。在“管理员设定”选项组中，设置一个网站后台管理密码，单击“继续”按钮即可完成管理系统的安装，如图 1-29 所示。

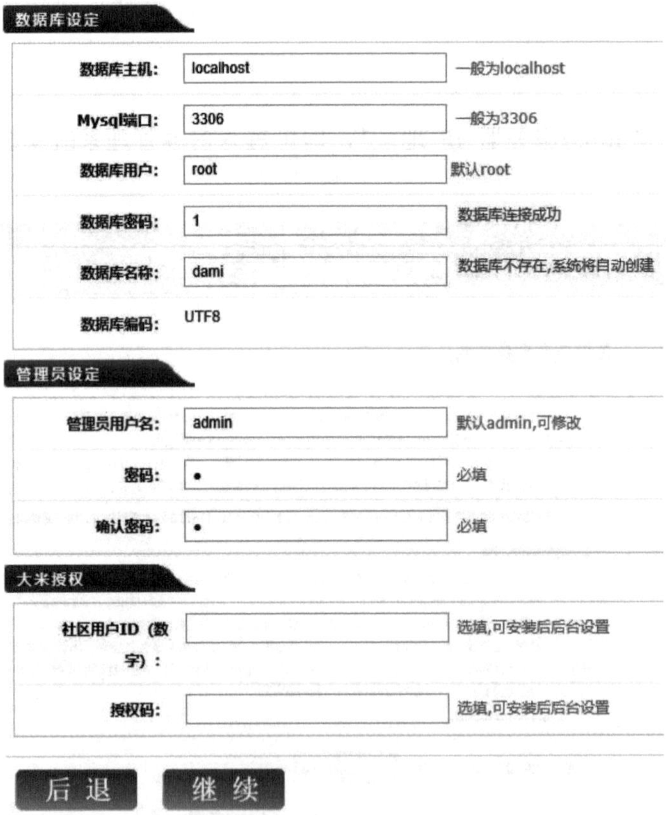

图 1-29　设置数据库和管理员相关选项

单击“继续”按钮后，弹出安装成功的页面，如图 1-30 所示。

图 1-30　完成管理系统的安装

单击"访问网站首页"链接或者直接在浏览器中输入"http://服务器 IP 地址",即可访问动态 Web 网站的前台,如图 1-31 所示。

图 1-31　浏览 Web 应用前台首页

任务拓展训练

1)使用虚拟机的克隆功能克隆 4 台服务器,分别命名为 Nginx、Web1、Web2、Data。

2）修改 4 台服务器的 IP 地址，使它们之间可以正常连接。
3）在 Data 服务器上安装数据库服务，初始化密码为 1。
4）在 Data 服务器上安装 NFS 服务，把/dami 文件夹设置为共享。
5）在 Web1 和 Web2 上分别安装 Apache 和 PHP、PHP-MySQL、PHP-GD 服务。
6）在 Web1 和 Web2 上挂载 Data 上的/dami 文件夹到/var/www/html 目录。
7）在 Web1 上安装 Dami 内容管理系统。
8）在 Nginx 服务器上安装 Nginx 服务，配置负载均衡，把流量平均分配到 Web1 和 Web2 服务器上。

▶任务 1.3　用 Docker 容器部署 Web 应用

学习情境

随着业务的拓展，一台 Web 应用已经无法满足用户的访问需求，为了解决高并发、高负载、高可用问题，公司技术主管要求你使用容器技术快速部署 Web 应用集群。

教学内容

1）安装 Docker 服务
2）镜像和容器基础运维
3）用容器部署 PHP 动态 Web 应用

教学目标

知识目标：
1）掌握 Docker 容器的应用场景
2）掌握安装 Docker 服务的方法
3）掌握镜像和容器运维的基础命令

能力目标：
1）会安装 Docker 服务
2）会运维镜像和容器
3）会使用镜像部署动态 Web 应用

1.3.1　安装 Docker 服务

1.3.1.1　认识 Docker 容器技术

1-5
安装 Docker
服务

1. Docker 容器应用架构

在 Linux 系统下使用常规方法部署应用的过程时，首先需要配置 Yum 源，然后安装各种服务，再部署应用，这个过程实在是太烦琐了。如果要构建一个大型应用集群，一台一台服务器去部署，工作量是无法想象的，而且无法保证环境和应用的一致性。解决这些问题的方法就是使用 Docker 容器技术。

如图 1-32 所示，在使用了 Docker 技术之后，原来的硬件资源、操作系统、服务环境、应用四层架构就变成了硬件资源、操作系统、Docker 服务、Docker 容器，只要在操作系统上安装 Docker 服务，就可以把之前的第二层、第三层、第四层打包成一层，即 Docker 容器层。这里需要注意的是打包的操作系统不包括 Linux 的内核，每个容器共享真实的操作系统内核，即安装 Docker 服务后的第二层操作系统的内核。

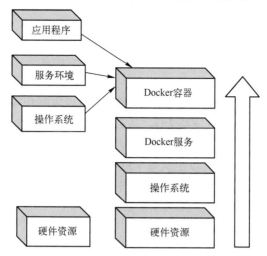

图 1-32　Docker 容器应用系统架构

把之前的系统、服务环境、应用程序的组合打包成一个镜像文件，把这个镜像文件运行起来，就是 Docker 服务架构中的 Docker 容器了。

2．Docker 容器应用的三要素

如图 1-33 所示，在安装 Docker 服务之后，会安装 Docker 的客户端（Client）和 Docker 的服务端（Docker_Host），它们可以安装在同一主机或多个主机上。客户端通过发送命令给服务器端的守护进程 Docker Daemon，由服务器端来执行相应命令。

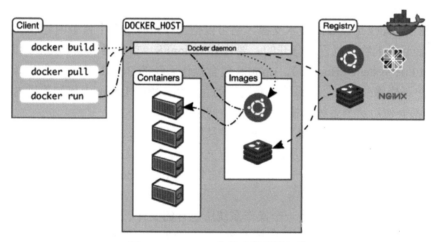

图 1-33　Docker 容器应用系统架构

Docker 服务端的最主要工作就是运行一个容器应用，这就需要镜像、镜像仓库的支撑。逻辑关系是这样的：应用在容器中，容器由镜像生成，而镜像则在镜像仓库中。所以要运行一个容器应用，就需要把 Docker 镜像文件从仓库下载到本地，然后将镜像运行起来生成容器，容器中的应用就可以被用户使用了。可以把镜像理解成模板，容器则是这个模板运行时的状态。

所以，Docker 容器技术的三个最主要的要素是镜像、容器、仓库，图 1-33 显示了由 Docker Client 发送指令给服务端的 Docker Daemon，由 Docker Daemon 从仓库中下载 Nginx 镜像并在本地运行 Nginx 镜像，生成 Nginx 容器的过程。

3. Docker 容器底层技术

Linux 系统支持的虚拟化技术，叫作 Linux Container，简称 LXC。LXC 的三大支撑技术是 Cgroup、Namespace 和 Unionfs。

（1）Cgroup 控制组技术

Linux 内核支持 Cgroup（Control Group）技术，它可以限制和隔离 Linux 进程所使用的物理资源，比如 CPU、内存、磁盘、网络 I/O，是 Linux Container 技术的物理基础。

每个 Docker 容器都是操作系统上的一个进程，进程需要通过内核访问物理资源（CPU、内存、磁盘、网络）等，Cgroup 可以控制每个进程访问的资源量，并且对进程使用的物理资源进行隔离。进程的资源限制和资源隔离技术是非常必要的。不能出现由于进程出现问题耗尽 CPU 资源，或由于内存泄漏消耗掉大部分系统资源的情况。

（2）NameSpace 命名空间技术

NameSpace 是另一种资源隔离技术，Cgroup 设计出来的目的是为了隔离进程使用的物理资源，NameSpace 用来隔离 PID（进程 ID）、存储、网络等系统资源。每个 NameSpace 里面的进程、网络、存储等资源对其他 NameSpace 都是透明的。

假设多个用户购买了同一台 Linux 服务器的 Apache 服务，每个用户在该服务器上被分配了一个 Linux 系统的账号，有些情况下，该用户仍然需要系统 root 级别的权限，但不可能给每个用户都分配 root 权限。因此可以使用 NameSpace 技术，给每个系统账号虚拟化一个 NameSpace，在这个 NameSpace 里面，该用户具备 root 权限，但是在宿主机上，该用户还是一个普通用户。

（3）UnionFS 文件系统联结技术

UnionFS 是 Docker 镜像的技术支撑，它可以把文件系统上多个目录内容联合挂载到同一个目录下，而目录的物理位置是分开的。要理解 UnionFS，首先要认识 BootFS 和 RootFS。

1）Boot File System（BootFS）。BootFS 包含操作系统的 Boot Loader（启动器）和 Kernel（内核）。用户不能修改这个文件系统，系统启动完成后，整个 Linux 内核加载进内存，所有的 Docker 容器都会使用这个系统内核进行资源访问控制。

2）Root File System（RootFS）。RootFS 目录结构包括/dev、/proc、/bin、/etc、/lib、/usr、/tmp 等，再加上要运行用户应用所需要的配置文件，二进制文件和库文件，用户可以对这个文件进行修改，每个容器都包含一个 RootFS，它们共同使用 BootFS，实现了操作系统级别的虚拟化。

需要注意的是，RootFS 只是一个操作系统所包含的文件、配置和目录，并不包括操作系统内核，如果你的应用程序需要配置内核参数、加载额外的内核模块，以及与内核进行直接的交互，这些操作和依赖的对象，都是宿主机操作系统的内核，它对于该机器上的所有容器来说是一个"全局变量"，内核修改会影响到所有容器。

3）镜像分层和 UnionFS。Docker 镜像是由多步操作叠加而成的，每一步操作都会形成一个新层，也就是在 RootFS 上的一个增量，UnionFS 把所的层联合在一起组成一个统一的文件系统。镜像分层技术的好处是当两个镜像都包括相同的底层镜像时，可以实现底层镜像的重用，这样可以节省大量的存储空间和重复操作。

Docker 镜像的每一层都是只读的，当镜像运行成容器时，多了个 init 层和可读写层，如图 1-34 所示。

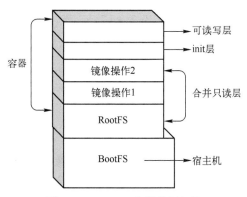

图 1-34　Docker 容器分层架构

- 只读层：UnionFS 将制作镜像的每一步操作的所有层进行整合，当运行容器时，这些内容是不可以修改的，是只读层。
- init 层：init 层是 Docker 项目单独生成的一个内部层，专门用来存放/etc/hosts、/etc/resolv.conf 等信息。需要这样一层的原因是，这些文件本来属于只读的系统镜像层的一部分，但是用户往往需要在启动容器时写入一些指定的值比如 Hostname，所以就需要在可读写层对它们进行修改。可是，这些修改往往只对当前的容器有效，用户执行 Dockercommit 只会提交可读写层，是不包含这层内容的。
- 可读写层：可读写层是这个容器的 RootFS 最上面的一层，这层的内容是可写的，一旦在容器里做了写操作，修改产生的内容就会以增量的方式出现在这个层中。最上面这个可读写层的作用，就是专门用来存放用户修改 RootFS 后产生的增量，可以通过 Dockercommit，保存这个被修改过的可读写层，而与此同时，原先的只读层里的内容则不会有任何变化，这就是增量 RootFS 的好处。

1.3.1.2　安装 Docker 服务

Docker 服务的安装很简单，只需要配置好 CentOS 7 的网络源和 Docker-ce 的网络源，就可以进行安装了。下面配置 Docker 网络 Yum 源。

1）配置本地源之后，安装 Wget 软件。

```
[root@localhost ~]# yum install wget -y
```

2）使用阿里云镜像站下载 CentOS 7 的镜像源配置。

```
[root@localhost yum.repos.d]# wget https://mirrors.aliyun.com/repo/Centos-7.repo
```

3）使用阿里云镜像站下载 Docker-ce 的镜像源配置。

```
[root@localhost yum.repos.d]# wget https://mirrors.aliyun.com/docker-ce/linux/centos/docker-ce.repo
```

注意，这里需要进入/etc/yum.repos.d 目录，然后下载相应的源配置文件。

4）安装 Docker-ce 服务。Docker-ce 服务是 Docker 服务的社区版，可以免费使用。

```
[root@localhost ~]# yum install docker-ce -y    //安装 Docker
```

在安装结束后，如果显示如下内容，就说明安装成功了。

```
docker-ce.x86_64 3:19.03.13-3.el7
```

5）启动 Docker，设置开机自启动。

```
[root@localhost ~]# systemctl start docker     //启动 Docker 服务
[root@localhost ~]# systemctl enable docker    //设置开机自启动
[root@localhost ~]# docker --version           //查看 Docker 服务的版本
dockerversion 19.03.13, build 4484c46d9d
[root@localhost ~]# docker info                //查看 Docker 的信息
```

通过 Dockerinfo 可以看到 Docker 客户端和服务器镜像以及镜像、容器、存储驱动和资源等信息，需要注意的是 Registry: https://index.docker.io/v1/这一行信息，它是 Docker 默认下载镜像的官方地址，下载速度往往比较慢，所以应该配置镜像加速，加快 Docker 镜像的下载。

1）首先需要注册一个阿里云账户，然后在首页搜索容器镜像服务，进入容器镜像服务页面，单击左下角的镜像加速器，如图 1-35 所示。

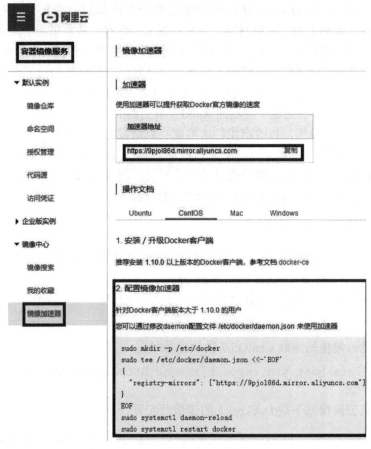

图 1-35　镜像加速器

2）按照配置镜像加速器的方法，复制加速器地址，配置到/etc/docker/daemon.json 中，然后重新启动 Docker 守护进程和服务。

```
[root@localhost ~]# vim /etc/docker/daemon.json
```

在 daemon.json 中，填入

```
{
  "registry-mirrors": ["https://9pjol86d.mirror.aliyuncs.com"]
}
[root@localhost ~]# systemctl daemon-reload        //重启守护进程
[root@localhost ~]# systemctl restart Docker       //重启 Docker 服务
```

3）再次使用 Dockerinfo 查看，镜像加速已经配置成功。

```
Registry Mirrors:
 https://9pjol86d.mirror.aliyuncs.com/
```

1.3.2 运维镜像

1.3.2.1 查找镜像

1. 使用 Docker Hub 官网查找

如图 1-36 所示，访问 https://hub.docker.com 官网，输入想查询的镜像名称，按〈Enter〉键，就可以查询到该镜像。

图 1-36　官网查询 Nginx 镜像

查询结果如图 1-37 所示，第一个有 Official build of Nginx 标识的，是 Docker 官网提供的 Nginx 镜像，单击进入后，在页面的右侧可以看到如图 1-38 所示，提示使用 docker pull nginx 的方法来下载该镜像。

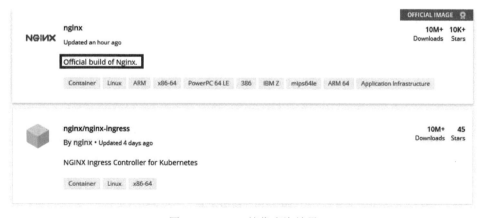

图 1-37　nginx 镜像查询结果

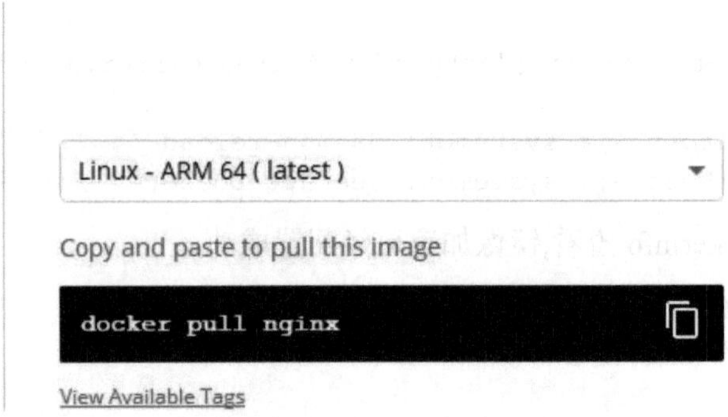

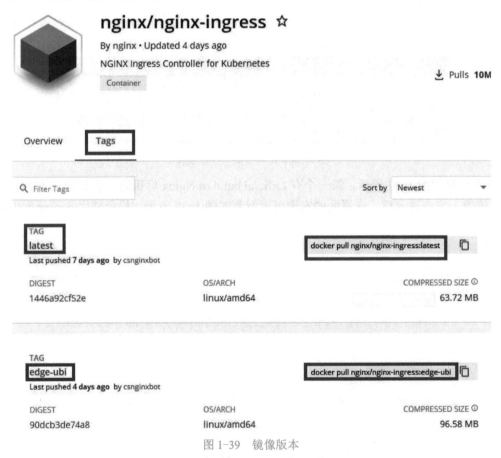

图 1-38 使用 docker pull nginx 下载

这里特别需要注意的是，镜像是由镜像名称和版本号共同构成的，在搜索到的 Nginx 页面中，除了官方镜像外，还有很多个人用户上传的镜像，以 nginx/nginx-ingress 镜像为例，如图 1-39 所示，可以看到 nginx/nginx-ingress 镜像的 TAG 下有 latest 和 edge-ubi 等很多版本信息，下载该镜像时，必须在镜像名称后边加上冒号和版本号，才可以正确下载。如果下载时不加版本号，则默认使用 Latest 版本号。

图 1-39 镜像版本

2．使用命令查找镜像

在 Linux 命令行，通过 "docker search 镜像名称" 命令可以查询镜像，比如想查询 Nginx 镜像，可以使用以下命令：

```
[root@localhost ~]# docker search nginx
```

查询结果如图 1-40 所示。

```
NAME                       DESCRIPTION                                      STARS    OFFICIAL   AUTOMATED
nginx                      Official build of Nginx.                         14063    [OK]
jwilder/nginx-proxy        Automated Nginx reverse proxy for docker con…    1912                [OK]
richarvey/nginx-php-fpm    Container running Nginx + PHP-FPM capable of…    795                 [OK]
linuxserver/nginx          An Nginx container, brought to you by LinuxS…    131
```

图 1-40 查询 nginx 镜像

- NAME：镜像名称。
- DESCRIPTION：镜像描述。
- STARS：用户评价，反映一个镜像的受欢迎程度。
- OFFICIAL：是否为官方构建，OK 表示是官方镜像。
- AUTOMATED：表示该镜像由 Docker Hub 自动构建流程创建的。

需要注意的是，使用命令查询镜像不能显示镜像的版本信息。

1.3.2.2 拉取下载镜像

使用"docker pull 镜像名称"命令可以下载一个镜像，比如想下载 Nginx 的 1.18 版本，可以使用命令 docker pull nginx:1.18。

```
[root@localhost ~]# docker pull nginx:1.18
1.18: Pulling from library/nginx
852e50cd189d: Pull complete
a9d81f536096: Pull complete
f0ed0b709232: Pull complete
5b8f22c6d2f4: Pull complete
32bfd22d29be: Pull complete
Digest: sha256:f35b49b1d18e083235015fd4bbeeabf6a49d9dc1d3a1f84b7df3794798b70c13
Status: Downloaded newer image for nginx:1.18
docker.io/library/nginx:1.18
```

需要注意，镜像名称是由镜像名和版本号共同组成的。另外，在拉取镜像时可以看到该镜像是由 852e50cd189d 等 5 层组成的，需要一层一层地进行下载。

1.3.2.3 查看镜像

使用 docker images 命令来查看当前主机的所有镜像。

```
[root@localhost ~]# docker images
REPOSITORY      TAG      IMAGE ID       CREATED       SIZE
nginx           1.18     2562b6bef976   5 days ago    133MB
```

- REPOSITORY：镜像所在库名称。
- TAG：镜像标识。
- IMAGE ID：镜像 ID。
- CREATED：创建时间。
- SIZE：镜像大小。

nginx 是仓库的名称，nginx 加上版本号 1.18，即 nginx:1.18 才是镜像的名称，如果只使用

nginx,代表 nginx:latest 这个镜像,会给初学者造成困扰。

1.3.2.4 导出镜像

可以使用命令将镜像保存成一个文件,当不小心删除了镜像之后,可以使用该文件恢复镜像。把镜像保存成一个文件有两种方法。

(1)使用 docker save >

```
[root@localhost ~]# docker images
REPOSITORY          TAG       IMAGE ID       CREATED         SIZE
nginx               1.18      2562b6bef976   5 days ago      133MB
[root@localhost ~]# docker save nginx:1.18 > nginx.tar
[root@localhost ~]# ls
anaconda-ks.cfg  dami  dami.zip  docker-ce.repo  nginx.tar
```

上述命令将镜像 nginx:1.18 保存成文件 nginx.tar,导出的文件可以随意命名。

(2)使用 docker save -o

```
[root@localhost ~]# docker save  nginx:1.18  -o  nginx1.tar
[root@localhost ~]# ls
anaconda-ks.cfg  dami  dami.zip  docker-ce.repo  nginx1.tar  nginx.tar
```

使用-o 的效果等同于>。

1.3.2.5 删除镜像

删除镜像文件使用命令 docker rmi,比如删除 nginx:1.18 镜像。

```
[root@localhost ~]# docker rmi 256
[root@localhost ~]# docker images
REPOSITORY          TAG       IMAGE ID       CREATED         SIZE
```

删除镜像时同样可以使用镜像 ID 的前几位,也可以使用镜像名称 nginx:1.18。删除后再查看,发现镜像已经被删除了。

1.3.2.6 导入镜像

从一个文件导入镜像同样有以下两种方法。

```
docker load < 文件
docker load -i 文件
```

以第一种方法为例,导入镜像 nginx.tar。

```
[root@localhost ~]# docker load < nginx.tar
[root@localhost ~]# docker images
REPOSITORY          TAG       IMAGE ID       CREATED         SIZE
nginx               1.18      2562b6bef976   5 days ago      133MB
```

1.3.3 运维容器

1-7
容器基本运维

1. 创建容器

容器是由镜像运行后得到的结果,如果想使用镜像文件内的应用,必须把镜像运行起来使其变成容器，容器内的应用才可以被访问使用。使用 docker create 命令可以创建容器，但经常使用的是 docker run 命令，因为 docker create 命令只是创建容器而不运行容器，而 docker run 命令在创建容器的同时启动容器。

```
[root@localhost ~]# docker run -d -p 81:80 --name=nginx1 256
```

上述命令使用 docker run 运行 nginx:1.18 镜像。docker run 命令的选项比较多，可以使用 docker run --help 查看，常用的选项如下。

- -d：后台运行容器，并返回容器 ID。
- -i：以交互模式运行容器，通常与 -t 同时使用。
- -t：为容器重新分配一个伪输入终端，通常与 -i 同时使用。
- -P：随机端口映射，容器内部端口随机映射到主机的端口。
- -p：指定端口映射，格式为"主机（宿主）端口:容器端口"。
- -e：设置环境变量。
- -v：绑定一个卷。
- --link：添加链接到另一个容器。
- --name：为容器指定一个名称。
- --restart：该选项设置为 true 时容器退出后自动重启。

这里使用-d 让 Nginx 容器运行在 Linux 系统的后台，不占用当前的终端。使用-p 81:80 让 Docker 宿主机（安装了 Docker 系统的主机）的 81 端口映射到容器的 80 端口。使用--name 为容器命名，256 是 nginx:1.18 镜像的 ID，当然也可以使用镜像名称。

2. 查看运行容器

查看正在运行的容器使用 docker ps 命令，如图 1-41 所示。

```
[root@localhost ~]# docker ps
CONTAINER ID    IMAGE    COMMAND                  CREATED         STATUS         PORTS                  NAMES
6c9ce0b12ea5    256      "/docker-entrypoint..."  2 seconds ago   Up 1 second    0.0.0.0:81->80/tcp     nginx1
```

图 1-41　查看正在运行的容器

图 1-41 中容器各项的含义如下。

- CONTAINER ID：容器 ID，它是容器的唯一标识。
- IMAGE：镜像的 ID。
- COMMAND：容器启动时运行的命令。
- CREATED：创建时间。
- STATUS：运行状态，Up 表示当前为运行状态。
- PORTS：容器开放的端口。
- NAMES：运行镜像时设置的名称。

需要经常使用的是容器 ID 和容器运行状态。容器只有在 Up 状态时，容器内的应用才可以正常访问。

3. 访问容器应用

容器和宿主机的关系如图 1-42 所示，每个容器都要运行在宿主机之上，容器是寄生在宿主机之上的。

如图 1-42 所示，当创建容器时使用-p 81:80，会使宿主机的 81 端口映射到容器的 80 端口，访问宿主机的 81 端口就可以访

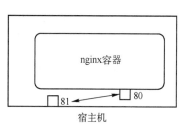

图 1-42　容器运行在宿主机上

问容器中 80 端口对应的 Nginx 应用了，在 Windows 系统中打开浏览器，访问"http://宿主机 IP 地址:81"，得到结果如图 1-43 所示，显示了容器内 Nginx 应用的默认主页。

图 1-43 访问容器中的 Nginx 应用

4．关闭和启动容器

关闭容器的命令是"docker stop 容器 ID"。

```
[root@localhost ~]# docker stop 6c9
```

在使用 docker stop 命令关闭容器时，使用容器 ID 的简写。

这时使用 docker ps 命令就看不到容器了，因为 docker ps 只能查看运行的容器，如果想查看所有运行和非运行的容器，需要在 docker ps 后边加上选项-a，如图 1-44 所示。

图 1-44 使用 docker ps -a 查看所有容器

启动容器使用"docker start 容器 ID"命令。

5．查看容器详情

可以使用"docker inspect 容器 ID"命令来查看容器的详细信息，包括容器启动的命令、容器的状态、挂载信息、IP 地址等。

```
[root@localhost ~]# docker inspect 6c9
```

在显示内容的后边，可以看到容器的 IP 地址是 172.17.0.2。

6．进入容器

在宿主机上，可以使用命令"docker exec -it 容器 ID /bin/bash"进入容器。

其中 docker exec 是进入容器的命令，-it 是-i 和-t 的组合，即进入容器后，使用伪终端与容器交互，/bin/bash 则是运行容器的/bin/bash 解释器，解释在容器中输入的命令。

```
[root@localhost ~]# docker exec -it 6c9 /bin/bash
root@6c9ce0b12ea5:/# ls
bin   dev  docker-entrypoint.sh  home  lib64  mnt  proc  run   srv   tmp
var   boot docker-entrypoint.d   etc         lib   media opt   root  sbin
sys   usr
```

进入容器后，使用 ls 命令发现，容器就是一个简易的操作系统和服务应用的组合，当然它是由镜像运行而来的。退出容器使用 exit 命令。

7．删除容器

使用 docker rm 命令可删除容器，它的选项如下。

- -f：强制删除一个正在运行的容器。
- -l：移除容器间的网络连接，而非容器本身。
- -v：删除与容器关联的卷。

```
[root@localhost ~]# docker rm -f 6c9
```

删除正在运行的容器，需要使用-f 选项。如果想删除多个正在运行的容器，则使用命令 docker rm -f $(docker ps -a -q)，其中"$(docker ps -a -q)"表示获取所有运行容器的 ID 列表。

1.3.4 用容器部署动态 Web 应用

1-8 容器部署动态 Web 应用

在任务 1.2 中，通过一步一步操作，安装了 Lamp 服务，部署了 dami 内容管理系统，这个过程太烦琐了。其实，通过下载 Docker 的 Lamp 镜像，并运行 Lamp 镜像使其成为容器，将宿主机上的动态 Web 应用程序挂载到 Lamp 容器的指定目录，就可实现动态 Web 应用的快速部署工作了。

1．下载 Lamp 镜像

通过"docker search lamp"命令搜索 Lamp 镜像，发现 Docker 官方没有提供 Lamp 镜像，经常使用的 Lamp 镜像是 mattrayner/lamp，通过 docker pull 命令下载这个镜像。

```
[root@localhost ~]# docker pull mattrayner/lamp:latest
[root@localhost ~]# docker images
REPOSITORY          TAG       IMAGE ID        CREATED         SIZE
nginx               1.18      2562b6bef976    6 days ago      133MB
mattrayner/lamp     latest    05750cfa54d5    4 months ago    915MB
```

mattrayner/lamp 镜像包含了简易的 Linux 系统、Apache 服务、MySQL 数据库服务、PHP 服务，把镜像运行起来后，这些服务就运行在容器中了。

2．上传动态 Web 应用

在任务 1.2 中用常规方法部署 Web 应用时已经将动态 Web 应用上传到/root 目录中的/dami 文件夹下，这里直接使用/root/dami 目录就可以了。

```
[root@localhost ~]# ls
anaconda-ks.cfg  dami  dami.zip  docker-ce.repo  nginx.tar
[root@localhost ~]# ls dami
404        admin.php    Core     del_bom.php  feed.rss   index.php  php_safe.php
robots.txt Web          伪静态文件 Admin       config.xml  Core 支持 PHP7  favicon.ico
Html       install      Public   Trade        大米 CMS 使用说明.txt
```

3．运行 mattrayner/lamp 容器

```
[root@localhost ~]# setenforce 0                         //取消 SELinux 设置
[root@localhost ~]# chmod -R 777 /root/dami              //设置程序目录可以写入
[root@localhost ~]# docker run -d -p 80:80 -v /root/dami:/app --name=lamp 057
```

这里使用 docker run 命令运行 mattrayner/lamp 镜像，使用-p 选项使宿主机的 80 端口与运行容器的 80 端口对应，使用-v 将/root/dami 文件夹挂载到容器中的/app 下，因为/app 是容器 Web 服务的默认目录。

4．安装动态 Web 应用

安装 Web 应用的过程和任务 1.2 中基本一致，首先使用浏览器访问"http://宿主机 IP 地

址",如图 1-45 所示。

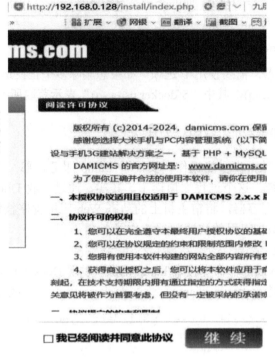

图 1-45 宿主机安装界面

选择"我已经阅读并同意此协议"复选框,单击"继续"按钮,在环境检测页面单击"继续"按钮。在参数配置页面不设置数据库的密码,默认密码是空,填写创建的数据库名(任意),再填入网站管理员的密码,如图 1-46 所示,单击"继续"按钮,如图 1-47 所示。单击"访问网站首页"按钮或者直接输入"http://宿主机 IP 地址"就可以直接访问 Web 应用程序的首页了。部署完成后,就可以体验到使用镜像运行容器部署应用的便捷了。

图 1-46 配置参数信息

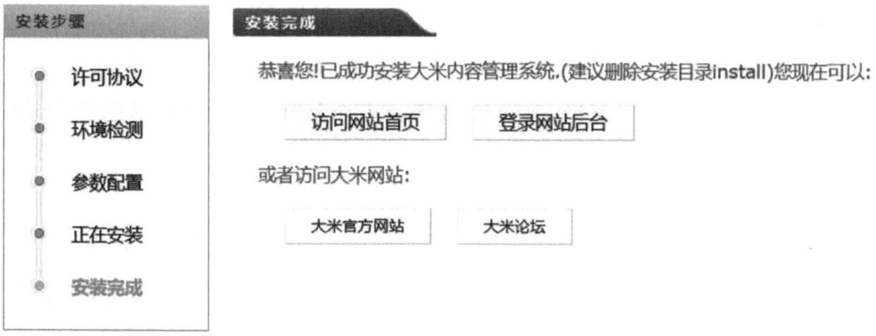

项目 1　部署动态 Web 应用

图 1-47　安装成功

 任务拓展训练

1）使用 Docker 虚拟机的克隆功能克隆 4 台服务器，分别命名为 Nginx、Docker1、Docker2、Data。

2）修改 4 台服务器的 IP 地址，使它们之间可以正常 Ping 通。

3）在 Docker1 和 Docker2 服务器上下载 mattrayner/lamp 镜像。

4）在 Data 服务器上安装 NFS 服务，把/dami 程序文件夹设置共享。

5）在 Docker1 和 Docker2 上将 Data 上的/dami 目录挂载到/dami 目录。

6）在 Docker1 和 Docker2 上运行 mattrayner/lamp 容器，部署/dami 目录中的动态 Web 应用。

7）在 Nginx 服务器上安装 Nginx 服务，配置负载均衡，把流量平均分配到 Docker1 和 Docker2 服务器上。

项目小结

1）鼠标指针进入虚拟机之后，想退出到 Windows，可使用〈Ctrl+Alt〉键。

2）使用 XShell 登录虚拟机之前一定要在网络连接中开启 VMnet8 网络，因为虚拟机默认网络使用的是 NAT 方式。

3）在复制 dami 文件的时候，要复制目录中的所有内容而不是目录本身。

4）修改写权限时，一定要先设置 SELinux 为失效，否则影响修改效果。

5）重点理解镜像、容器、仓库之间的关系。

6）docker run 命令的常用参数需要重点理解，学会使用。

▶ **习题**

一、选择题

1. 下列有关 Docker 的叙述中，正确的是（　　）。

　　A．Docker 不能将应用程序发布到云端进行部署

B. Docker 将应用程序及其依赖打包到一个可移植的镜像中
　　C. Docker 操作容器时必须关心容器中有什么软件
　　D. 容器依赖于主机操作系统的内核版本，Docker 局限于操作系统平台
2. 关于 Docker 的优势，下列说法不正确的是（　　）。
　　A. 应用程序快速、一致地交付
　　B. 响应式部署和伸缩应用程序
　　C. Docker 用来管理容器的整个生命周期，但不能保证一致的用户界面
　　D. 在同样的硬件上运行更多的工作负载
3. 关于 Docker 容器操作，下列说法正确的是（　　）。
　　A. 使用不带任何选项的 docker ps 命令可以列出本地主机上的全部容器
　　B. 使用 docker rm -f 命令删除正在运行的容器
　　C. 使用 docker start 命令可以创建并启动一个新的容器
　　D. 使用 docker attach 命令可以连接未运行的容器

二、填空题

1. Docker 容器依赖_____、_____和_____三个要素来运行一个服务。
2. Docker 容器的三个底层技术分别是_____、_____和_____。
3. 使用 docker run_____可以将一个容器运行在系统后台。
4. 使用 docker_____可以进入一个正在运行的容器。
5. 使用 docker rm_____容器 ID 可以强制删除一个容器。

项目 2　使用数据卷

本项目思维导图

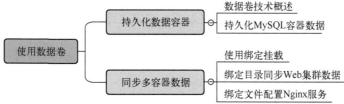

任务 2.1　持久化容器数据

2-1
使用数据卷

学习情境

在项目 1 中，使用 Docker 容器技术部署了动态 Web 应用，当用户和 Web 应用进行交互时，就会将数据写入到容器中，容器一旦停止运行，这些数据就会丢失，所以公司技术主管要求你使用容器数据卷技术将容器中产生的重要数据持久化到宿主机上，保证数据的安全。

教学目标

知识目标：
1）掌握数据卷的作用
2）掌握容器数据卷目录和宿主机目录的同步方式

能力目标：
1）会创建数据卷实现数据持久化
2）会验证 MySQL 数据持久化

教学内容

1）创建数据卷
2）验证数据卷持久化数据

2.1.1　数据卷技术概述

2.1.1.1　数据卷简介

1．为什么要使用数据卷

Docker 容器中的文件有以下几个问题：不能在宿主机上很方便地访问容器中的文件；无法在多个容器之间共享数据；当容器删除时，容器中产生的数据将丢失。

为了解决这些问题，Docker 引入了数据卷（Volume）机制，数据卷是存在于一个或多个容器中的文件或文件夹，这个文件或文件夹以独立于 Docker 文件系统的形式存在于宿主机中。数据卷的最大特点是：其生存周期独立于容器的生存周期，即使容器停止了，这个数据卷依然存在于宿主机之中。

2．数据卷的本质

Docker 数据卷的本质是在容器创建的过程中容器中的一个特殊目录，Docker 会将宿主机上的指定目录（一个以数据卷 ID 为名称的目录）挂载到容器中指定的目录上，这里使用的挂载方式为绑定挂载（Bind Mount），所以挂载完成后的宿主机目录和容器内的目标目录表现一致。

3．数据卷的应用场景

1）把容器中的数据持久化到宿主机中，保证数据安全性。

2）当宿主机不能保证一定存在某个目录或一些固定路径的文件时，用数据卷可以规避这种限制带来的问题。

3）在多个容器之间共享数据，多个容器可以同时以只读或者读写的方式挂载同一个数据卷，从而共享数据卷中的数据。

4）当你想把容器中的数据存储在宿主机之外的地方时。

5）需要把容器数据在不同的宿主机之间备份恢复或迁移时。

4．数据的覆盖问题

1）如果挂载一个空的数据卷到容器中的一个非空目录中，那么这个目录下的文件会被复制到数据卷中。

2）如果挂载一个非空的数据卷到容器中的一个目录中，那么容器中的目录中会显示数据卷中的数据。如果原来容器中的目录中有数据，那么这些原始数据会被隐藏。

这两个规则都非常重要，灵活利用第一个规则可以帮助我们初始化数据卷中的内容。掌握第二个规则可以保证挂载数据卷后的数据总是你期望的结果，本次任务就使用第一个规则将 MySQL 中的数据持久化到宿主机的指定目录中。

5．数据卷命令

经常使用的数据卷命令如下。

1）创建数据卷：docker volume create。

2）查询数据卷：docker volume ls。

3）查看数据卷详细信息：docker volume inspect。

4）删除数据卷：docker volume rm。

2.1.1.2 创建数据卷

1．创建数据卷

创建数据卷的语法是：docker volume create 数据卷名称。

```
[root@localhost ~]# docker volume create data
```

以上使用 docker volume create 创建了一个名称为 data 的数据卷。

2．查询数据卷

```
[root@localhost ~]# docker volume ls
DRIVER              VOLUME NAME
local               data
```

通过 docker volume ls 命令查询到本机有一个名称是 data 的数据卷。接下来使用 docker inspect 命令检查数据卷的详细信息。

```
[root@localhost ~]# docker volume inspect data
[
    {
        "CreatedAt": "2020-12-29T08:01:27+08:00",
        "Driver": "local",
        "Labels": {},
        "Mountpoint": "/var/lib/docker/volumes/data/_data",
        "Name": "data",
        "Options": {},
        "Scope": "local"
    }
]
```

通过查看发现数据卷的挂载点即挂载目录是/var/lib/docker/volumes/data/_data。

3．容器使用数据卷

（1）下载 centos:7 镜像

```
[root@localhost ~]# docker pull centos:7
[root@localhost ~]# docker images
REPOSITORY        TAG       IMAGE ID        CREATED         SIZE
centos            7         7e6257c9f8d8    4 months ago    203MB
```

（2）运行 centos:7 镜像

```
[root@localhost ~]# docker run -itd --name=centos7 7e6 /bin/bash
```

注意，这里使用-itd /bin/bash 让这个进程在宿主机的后台运行，与当前终端无关，否则影响输入后续命令，同时需要启动一个与 centos7 容器的交互，否则这个容器会退出。

（3）查看容器目录

```
[root@localhost ~]# docker exec -it 56 /bin/bash
[root@56a22e075f38 /]# ls
anaconda-post.log  bin  dev  etc  home  lib  lib64  media  mnt  opt  proc
root  run  sbin  srv  sys  tmp  usr  var
[root@56a22e075f38 /]# cd /tmp
[root@56a22e075f38 tmp]# ls
ks-script-V_wEqJ  yum.log
```

进入容器后发现/tmp 目录中有数据。

（4）运行容器时挂载数据卷

1）将宿主机空目录挂载到容器非空目录。

首先删除刚才创建的名称为 centos7 的容器。

```
[root@localhost ~]# docker rm -f 56
```

接下来创建名称为 centos7 容器时，将容器中的/tmp 目录挂载到创建的 data 数据卷。

```
[root@localhost ~]# docker run -itd --name=centos7 -v data:/tmp 7e6 /bin/bash
143a2aa93036eda688a7418de2064a27595cb1f55f820373b53853b8f9d8a13a
```

使用"docker inspect 容器 ID"命令检查容器的详细信息，在 Mounts 挂载字段中发现容器的/tmp 目录已经挂载到 data 数据卷的挂载点了。

```
[root@localhost ~]# docker inspect 143
        "Mounts": [
            {
                "Type": "volume",
                "Name": "data",
                "Source": "/var/lib/docker/volumes/data/_data",
                "Destination": "/tmp",
                "Driver": "local",
                "Mode": "z",
                "RW": true,
                "Propagation": ""
            }
```

然后进入 data 数据卷挂载点目录/var/lib/docker/volumes/data/_data/，发现容器中的/tmp 目录已经持久化到该目录中了，注意以下两行配置信息。

- "Type": "volume"说明是数据卷挂载。
- "RW": true 提示挂载的数据默认为可读写权限，也可以根据自己的需求将容器挂载设置为只读，这样数据修改就只能在宿主机上进行。

```
[root@localhost ~]# cd /var/lib/docker/volumes/data/_data/
[root@localhost _data]# ls
ks-script-V_wEqJ  yum.log
[root@localhost ~]# docker rm -f 143
143
[root@localhost ~]# cd /var/lib/docker/volumes/data/_data/
[root@localhost _data]# ls
ks-script-V_wEqJ  yum.log
[root@localhost _data]#
```

当删除容器后，发现容器的/tmp 目录还是存在于挂载点目录中，因而实现了容器数据持久化。

这个例子验证了如果挂载一个空的数据卷到容器的非空目录，非空目录内容会显示在宿主机中，并持久化存在。

2）宿主机空目录挂载到容器有数据目录。

首先创建一个数据卷 test，然后在该数据卷目录中创建文件 1.txt。

```
[root@localhost ~]# docker volume create test
test
[root@localhost ~]# docker volume ls
DRIVER              VOLUME NAME
local               data
local               test
[root@localhost ~]# cd /var/lib/docker/volumes/test/_data/
[root@localhost _data]# echo 123 > 1.txt
```

创建一个容器，将/tmp 目录挂载到 test 数据卷中。

```
[root@localhost _data]# docker run -itd --name=centos7 -v test:/tmp 7e6
/bin/bash
a7fead8e47214ec861763406848b9de3ae51b0cf71e1efb55092eb826faeee90
```

以上使用 docker run 命令创建了名称为 centos7 的容器，使用-v 选项将/tmp 目录挂载到了 test 数据卷中。

检查挂载点目录的数据和名称为 centos7 容器的/tmp 目录下的数据。

```
[root@localhost _data]# ls
1.txt
[root@localhost _data]# docker exec -it a7 /bin/bash
[root@a7fead8e4721 /]# cd /tmp
[root@a7fead8e4721 tmp]# ls
1.txt
[root@a7fead8e4721 tmp]#
```

通过检查发现，挂载点目录中的数据没有变化，容器中/tmp 目录的数据已经和挂载点目录中的数据一致了。这就说明把一个宿主机有数据的目录挂载到容器的有数据目录后，容器目录会显示宿主机目录数据。

2.1.2 持久化 MySQL 容器数据

2.1.2.1 MySQL 容器挂载数据卷

MySQL 是一款非常流行的数据库管理系统，用来管理关系型数据库，使用普通方式一步一步安装 MySQL 是比较复杂的，使用 Docker 容器部署很简单，并且能够节省时间，提高效率。

1. 查询 mysql 镜像

使用 docker search mysql 命令查询 mysql 镜像。

```
[root@localhost ~]# docker search mysql
```

查询结果如下：

```
NAME       DESCRIPTION                                       STARS
MySQL      MySQL is a widely used, open-source relation…     10312
```

2. 下载 mysql 5.7 镜像

下载官方提供的版本是 5.7 的 mysql 镜像。

```
[root@localhost ~]# docker pull mysql:5.7
5.7: Pulling from library/mysql
```

使用 docker pull mysql:5.7 将镜像下载到本地。

3. 查看本机镜像

使用 docker images 查看本机镜像：

```
[root@localhost ~]# docker images
```

结果如下：

```
REPOSITORY     TAG     IMAGE ID        CREATED       SIZE
mysql          5.7     f07dfa83b528    5 days ago    448MB
```

发现 mysql:5.7 这个镜像已经下载到本地了。

4. 创建数据卷

为了持久化数据库的数据，在运行 mysql 镜像时，默认会生成一个匿名的数据卷，但名称太烦琐，为了后续方便操作使用，首先创建一个自己的数据卷，然后再运行 mysql:5.7 镜像时将该数据卷挂载到容器保存数据库的目录中。

下面使用 docker volume create 创建数据卷。

```
[root@localhost ~]# docker volume create mysql
```

结果如下：

```
Mysql
```

使用 docker volume ls 查看创建的数据卷。

```
[root@localhost ~]# docker volume ls
DRIVER              VOLUME NAME
local               data
local               mysql
local               test
```

发现刚才创建的 mysql 数据卷已经在数据卷列表了。

5. 挂载数据卷

创建名称为 mysql 的数据卷，将/var/lib/mysql 目录挂载到 mysql 数据卷。

```
[root@localhost ~]# docker run --name=mysql -v mysql:/var/lib/mysql -d -p 3306:3306 -e MYSQL_ROOT_PASSWORD=1 f07
2674c8e4f4021808f0e0447bf48d2b92790f120d7d0d36153c99867be7afdd55
```

使用-v 将 mysql 数据卷挂载到了 mysql 容器的/var/lib/mysql 目录，因为容器的这个目录是存储数据库文件的。-p 是将数据库的 3306 端口映射到宿主机的 3306 端口上，-e MYSQL_ROOT_PASSWORD 给数据库设置登录的密码。

6. 查看数据卷目录

查看 mysql 数据卷挂载目录中的数据。

```
[root@localhost ~]# cd /var/lib/docker/volumes/mysql/_data/
[root@localhost _data]# ls
auto.cnf     ca.pem            client-key.pem     ibdata1          ib_logfile1
mysql        private_key.pem   server-cert.pem    sys
ca-key.pem   client-cert.pem   ib_buffer_pool     ib_logfile0      ibtmp1
performance_schema  public_key.pem  server-key.pem
```

挂载后，查看挂载点目录，发现 mysql 容器的/var/lib/mysql 目录已经同步到挂载点目录了。

2.1.2.2 恢复数据到新建 mysql 容器

以上通过使用数据卷将 mysql 容器的数据持久化到宿主机目录中。如果容器关闭了，如何将持久化的数据恢复到新的数据库中呢？这其实也很简单，当新的容器运行后，挂载这个数据卷就可以了，因为如果宿主机数据卷中有数据，则覆盖容器中的目录。

1. 使用 Navicat 登录 mysql 容器

Navicat 是在 Windows 上登录 mysql 容器的工具，安装很简单，双击安装软件，单击"下一步"按钮就可以安装成功。安装完成后,单击启动图标,打开 Navicat,然后单击连接图标,如图 2-1 所示。

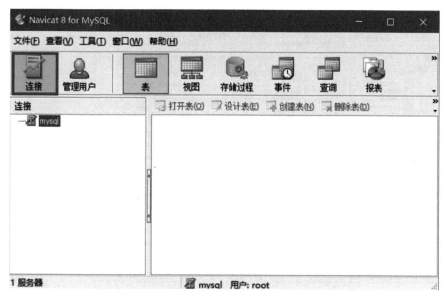

图 2-1　启动 Navicat 软件

在弹出的对话框中,连接名随意定义,在主机名/IP 位址框中输入宿主机的 IP 地址 192.168.0.20,端口号是映射到宿主机的端口号 3306,用户名是 root,密码是运行镜像时设置的密码 1。输入完成后,单击连接测试,若弹出连接成功的对话框,则说明已经连接到 mysql:5.7 的容器了,如图 2-2 所示。

图 2-2　启动 Navicat 软件

单击"确定"按钮后,可以查看数据库管理系统的详细信息,选择 mysql 数据库,可以看到数据库的所有信息,如图 2-3 所示。

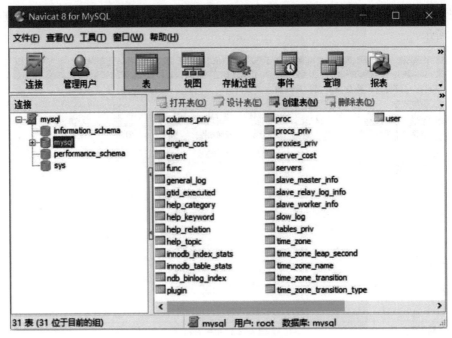

图 2-3　查看 mysql 数据库

2．创建数据库

在 Navicat 中，右键单击连接名 mysql，在弹出的快捷菜单中选择创建数据库，如图 2-4 所示。

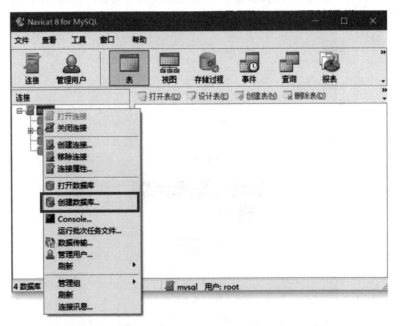

图 2-4　创建数据库

在弹出的对话框中，输入数据库的名称 class，字符集 utf8 -- UTF-8 Unicode，如图 2-5 所示，单击"确定"按钮。

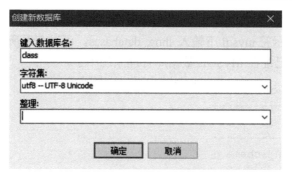

图 2-5 创建 class 数据库

完成后，在左侧连接中出现了刚建立的 class 数据库，如图 2-6 所示。

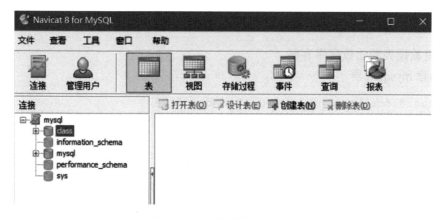

图 2-6 class 数据库创建成功

3．查看新建数据库

（1）进入容器目录查看

首先使用"docker exec -it 容器 ID /bin/bash"命令进入容器。

```
[root@localhost ~]# docker exec -it 267 /bin/bash
```

然后进入 MySQL 保存数据的目录/var/lib/mysql。

```
root@26aad819619b:/# cd /var/lib/mysql
```

使用 ls 命令可以查看使用 Navicat 创建的 class 数据库。

```
root@2674c8e4f402:/var/lib/mysql# ls
auto.cnf    ca.pem    client-cert.pem   ib_buffer_pool   ib_logfile1   ibtmp1
performance_schema   public_key.pem   server-key.pem
ca-key.pem  class    client-key.pem   ib_logfile0      ibdata1       mysql
private_key.pem      server-cert.pem  sys
```

（2）进入 MySQL 管理系统查看

首先使用 mysql -uroot -p 进入密码提示。

```
root@26aad819619b:/var/lib/mysql# mysql -uroot -p
Enter password:
```

输入运行镜像时设置的密码 1，进入数据库管理系统。

在管理系统命令提示符 mysql 下输入 show databases。可以查看所有的数据库，发现使用 Navicat 创建的 class 库已经在 MySQL 数据库管理系统中了。

```
mysql> show databases;
+--------------------+
| Database           |
+--------------------+
| information_schema |
| class              |
| mysql              |
| performance_schema |
| sys                |
+--------------------+
5 rows in set (0.00 sec)
```

4．恢复数据到新的数据库容器

（1）删除 mysql 容器

```
[root@localhost _data]# docker rm -f 267
```

（2）新建 mysql1 容器

```
[root@localhost _data]# docker run --name=mysql1 -v mysql:/var/lib/mysql -d -p 3306:3306 -e MYSQL_ROOT_PASSWORD=1 f07
4b7f863ad9f3e9bf809c1ef436184dadc2b5f69f07a7e60795937ecd2b473fe6
```

在新建 mysql1 容器时，挂载 mysql 数据卷，因为 mysql 数据卷中有创建的 class 数据库，所以会覆盖新建容器的/var/lib/mysql 目录。

（3）检查 mysql1 容器

```
[root@localhost _data]# docker exec -it 4b /bin/bash
root@4b7f863ad9f3:/# cd /var/lib/mysql
root@4b7f863ad9f3:/var/lib/mysql# ls
auto.cnf        ca.pem     client-cert.pem  ib_buffer_pool  ib_logfile1  ibtmp1
performance_schema  public_key.pem  server-key.pem
ca-key.pem      class      client-key.pem   ib_logfile0     ibdata1      mysql
private_key.pem     server-cert.pem  sys
```

当使用 docker exec -it 进入新建的 mysql1 容器后，发现/var/lib/mysql 目录中存在 class 数据库，说明已经成功地将 mysql 数据卷目录中的数据恢复到了新建的 mysql1 容器中。

 任务拓展训练

1）创建数据卷，名称为 mydata。

2）运行 mysql:5.7 镜像，挂载 mydata 数据卷，名称为 mysql1。

3）进入 mysql1 容器，使用 SQL 命令创建数据库 deparment，在 department 下创建 major 表，包含 2 个字段，分别是 id 和 name。

4）创建一个新的数据库容器，名称为 mysql2，将 mysql1 中创建的数据库同步到 mysql2 中。

2-2
使用数据绑定

任务 2.2　同步多容器数据

学习情境

为了保证服务的高可靠性，公司准备使用 Docker 容器技术部署一个 Web 集群应用，需要保证每个 Web 应用中数据一致，同时需要在集群前端部署负载均衡器，实现集群的轮询访问，公司技术主管要求使用 Docker 容器技术部署这一集群应用。

教学内容

1）绑定宿主机目录到容器目录
2）绑定宿主机文件到容器文件

教学目标

知识目标：
1）掌握绑定宿主机数据的作用
2）掌握绑定宿主机数据到容器和使用数据卷的区别
能力目标：
1）会部署 Web 集群应用
2）会绑定宿主机目录到容器指定目录
3）会绑定宿主机文件到容器指定文件

2.2.1　使用绑定挂载

通过数据卷可以实现将宿主机中某个目录挂载到容器的某个目录上。但有两个问题，一是不能够挂载自己创建的宿主机上的目录，二是不能实现挂载宿主机的某个文件到容器，使用绑定挂载的方式就能够解决这两个问题。

绑定挂载（Bind Mounting）和数据卷挂载不同在于，数据卷是可以实现宿主机到容器以及容器到宿主机的双向挂载，而绑定挂载只能实现宿主机到容器的挂载，是单向的。

绑定挂载的方法很简单，就是在运行镜像创建容器时，使用"-v 宿主机目录:容器目录"或者"-v 宿主机文件:容器文件"命令实现宿主机到容器的单向数据绑定。

1. 绑定挂载宿主机目录到容器目录
（1）创建绑定挂载
首先在根目录下创建 test 目录。

```
[root@localhost ~]# mkdir /test
```

然后在运行容器时使用-v /test:/tmp 命令在运行容器的同时，将容器的/tmp 目录挂载到宿主机的/test 目录。

```
[root@localhost ~]# docker run -itd --name=centos7 -v /test:/tmp 7e6
```

结果如下：

```
80d80f005debd4cd5d3d2f3fc09bb7e46cf04063f36735e8c53205a7caf1e8a9
```

（2）查看绑定挂载
使用 docker inspect 80 检查容器，发现第一行 "Type": "bind"，说明现在的挂载已经不是数据卷挂载了，而是 bind 绑定挂载。

```
[root@localhost test]# docker inspect 80
```

绑定结果如下：

```
"Mounts": [
    {
        "Type": "bind",
        "Source": "/test",
        "Destination": "/tmp",
        "Mode": "",
        "RW": true,
        "Propagation": "rprivate"
    }
],
```

（3）查看目录内容

查看宿主机 test 目录，发现目录还是空的。

```
[root@localhost test]# ls
[root@localhost test]#
```

进入容器查看/tmp 目录内容：

```
[root@localhost test]# docker exec -it 80 /bin/bash
[root@80d80f005deb /]# cd /tmp/
[root@80d80f005deb tmp]# ls
[root@80d80f005deb tmp]#
```

发现/tmp 目录已经为空了，这是因为宿主机的/test 目录是空的，所以将/test 目录同步到了容器的/tmp 目录，所以/tmp 目录也为空了。这和使用容器卷挂载有明显的不同，如果容器卷为空，那么宿主机会把有目录的内容显示到宿主机目录中，两者正好相反。

（4）测试数据同步

在宿主机的 test 目录创建 1.txt 后再进入 Centos 容器，发现/tmp 目录已经同步成宿主机/test 目录了，操作如下：

```
[root@localhost test]# touch 1.txt
[root@localhost test]# docker exec -it 80 /bin/bash
[root@80d80f005deb /]# cd /tmp
[root@80d80f005deb tmp]#
[root@80d80f005deb tmp]# ls
1.txt
```

2. 绑定挂载宿主机文件到容器文件

绑定宿主机文件到容器文件通常用来对容器内的应用进行配置修改。

（1）下载 httpd 镜像

使用 docker pull 命令下载 httpd 镜像的 latest 版本。

```
[root@localhost ~]# docker pull httpd
```

使用 docker images 查看镜像

```
[root@localhost ~]# docker images
REPOSITORY          TAG          IMAGE ID         CREATED         SIZE
httpd               latest       dd85cdbb9987     2 weeks ago     138MB
```

（2）创建配置文件

在/root 目录下创建 v.conf：

```
[root@localhost ~]# vi v.conf
```

打开文件后，输入如下配置：

```
<VirtualHost localhost:81>
    ServerName localhost
    DocumentRoot "/usr/local/apache2/htdocs"
</VirtualHost>
```

v.conf 配置了一个虚拟主机，开放的是 81 端口，访问目录是/usr/local/apache2/htdocs，这个目录是 httpd 容器运行后的默认网站目录，访问方便。

（3）绑定 v.conf 到容器虚拟主机配置文件

```
[root@localhost ~]# docker run --name=httpd -d -p 81:81 -v /root/v.conf:/usr/local/apache2/conf/extra/http-vhosts.conf dd8
27976b58b25d8d1cbc2fc327bdffe2b2299acd0a3ec40ac72dc8e62d4d6e1104
```

运行 httpd 镜像时，使用-v 将宿主机/root/v.conf 文件挂载到容器的虚拟主机配置文件，这个文件名称可以通过进入容器后查看 httpd.conf 主配置文件查询到。

（4）进入容器放行端口

使用 docker exec 进入容器后，切换到 httpd.conf 文件所在目录，输入 Listen 81 到配置文件中，操作如下：

```
[root@localhost ~]# docker exec -it 27 /bin/bash
root@27976b58b25d:/usr/local/apache2# cd conf/
root@27976b58b25d:/usr/local/apache2/conf# ls
extra  httpd.conf  magic  mime.types  original
root@27976b58b25d:/usr/local/apache2/conf# echo Listen 81 >> httpd.conf
```

（5）重新启动容器

使用 firewall-cmd 命令将 tcp 的协议的 81 端口放行后，重启防火墙，若提示 success 则说明已经放行成功，操作如下。

重启容器：

```
[root@localhost ~]# docker restart 27
27
```

放行 81 端口：

```
[root@localhost ~]# firewall-cmd --add-port=81/tcp --permanent
Success
```

重启防火墙：

```
[root@localhost ~]# firewall-cmd --reload
success
```

（6）访问测试

访问 http://192.168.0.20:81 地址，可以映射到容器 Apache 服务的 81/usr/local/apache2/htdocs 中的 index.html 内容，如图 2-7 所示。

图 2-7 访问宿主机的 81 端口

这样就实现了将宿主机的一个文件绑定挂载到容器中的一个文件。

2.2.2 绑定挂载目录配置 Web 集群

2.2.2.1 构建 Web 集群

1. Web 集群架构

使用 Docker 容器技术可以在一台服务器上部署多个 Web 应用，而不需要传统的虚拟主机配置，本次任务就来部署 2 个 Web 应用，同时在前端部署 Nginx 容器实现把访问的流量负载均衡到每个 Web 应用上，如图 2-8 所示。

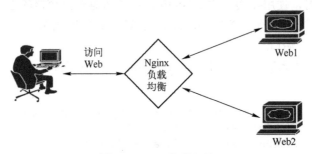

图 2-8 Web 集群架构

2. 下载 httpd 镜像

部署 Web 网站的工具有很多，这里使用 Apache 服务进行部署，提供 Apache 服务的软件是 httpd，所以需要首先把 httpd 镜像下载到本地。

```
[root@localhost ~]# docker pull httpd
[root@localhost ~]# docker images
REPOSITORY          TAG        IMAGE ID        CREATED          SIZE
mysql               5.7        f07dfa83b528    6 days ago       448MB
httpd               latest     dd85cdbb9987    2 weeks ago      138MB
```

使用 docker pull 把镜像下载到了本地，通过 docker images 查看本机的镜像中包含了 httpd 镜像，版本是 latest，因为下载时若不加版本号，默认下载的是 latest 版本。

3. 运行 httpd 镜像

使用 docker run 命令运行 httpd 镜像，将运行起来的容器分别命名为 web1 和 web2，web1 映射到宿主机的端口是 81 端口，web2 映射到宿主机的是 82 端口。

```
[root@localhost ~]# docker run --name=web1 -d -p 81:80 dd8
234eca60f1ce0a1f14690fc3eb946feeb291a8b62959afd9d0caf333a53a2553
[root@localhost ~]# docker run --name=web2 -d -p 82:80 dd8
213f53312450e38de2337196fe36414191f465f5a31e01b7de4a7204a6c485f1
```

4．浏览容器

首先使用 docker ps -a 查看到两个 Web 容器都已经启动成功，如图 2-9 所示。

```
[root@localhost ~]# docker ps -a
```

```
[root@localhost ~]# docker ps -a
CONTAINER ID    IMAGE    COMMAND                 CREATED          STATUS         PORTS                  NAMES
213f53312450    dd8      "httpd-foreground"      3 minutes ago    Up 3 minutes   0.0.0.0:82->80/tcp     web2
234eca60f1ce    dd8      "httpd-foreground"      4 minutes ago    Up 4 minutes   0.0.0.0:81->80/tcp     web1
```

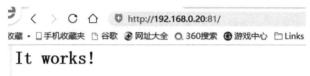

图 2-9　查看 Web 容器

5．浏览容器中的 Web 应用

因为第一个容器将 80 端口映射到宿主机的 81 端口，所以在 Windows 上使用浏览器访问 http://192.168.0.20:81/打开第一个容器中的 Web 默认网页，如图 2-10 所示。

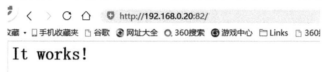

图 2-10　浏览 web1 容器应用

因为第二个容器将 80 端口映射到宿主机的 82 端口，所以在 Windows 上使用浏览器访问 http://192.168.0.20:82/打开第二个容器中的 Web 默认网页，如图 2-11 所示。

图 2-11　浏览 web1 容器应用

6．修改容器中默认主页内容

（1）修改第一个容器的 Apache 默认主页

使用“docker exex -it 23 /bin/bash”命令（其中，23 是第一个容器 ID 的简写）进入第一个容器，进入 Apache 服务的默认网页目录 htdocs，向 index.html 中输入 web1。

```
[root@localhost ~]# docker exec -it 23 /bin/bash
root@234eca60f1ce:/usr/local/apache2# ls
bin  build  cgi-bin  conf  error  htdocs  icons  include  logsmodules
root@234eca60f1ce:/usr/local/apache2# cd htdocs/
root@234eca60f1ce:/usr/local/apache2/htdocs# ls
index.html
root@234eca60f1ce:/usr/local/apache2/htdocs# echo web1 > index.html
```

修改完成后，再次在 Windows 中使用浏览器器访问 http://192.168.0.20:81/，发现第一个容器的 Apache 服务默认主页已经修改成 web1 了，如图 2-12 所示。

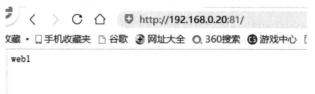

图 2-12　再次浏览 web1 容器 Web 应用

（2）修改第二个容器的 Apache 默认主页

使用"docker exex -it 21 /bin/bash"命令（其中，21 是第二个容器 ID 的简写）进入第二个容器，进入 Apache 服务的默认网页目录 htdocs，向 index.html 中输入 web2。

```
[root@localhost ~]# docker exec -it 21 /bin/bash
root@213f53312450:/usr/local/apache2# ls
bin  build  cgi-bin  conf  error  htdocs  icons  include  logsmodules
root@213f53312450:/usr/local/apache2# cd htdocs/
root@213f53312450:/usr/local/apache2/htdocs# echo web2 > index.html
```

修改完成后，再次在 Windows 中使用浏览器访问 http://192.168.0.20:82/，发现第二个容器的 Apache 服务默认主页已经修改成 web2 了，如图 2-13 所示。

图 2-13 再次浏览 web2 容器 Web 应用

2.2.2.2 同步 Web 集群数据

在 2.2.2.1 中，搭建的 Web 容器存在两个问题，一是修改容器中的数据需要进入容器中，二是搭建 Web 集群服务是为了提高服务质量，需要保证两个容器中的 Web 服务数据是一致的，这样就不能分别在每个容器内修改。解决的办法是使用数据卷将宿主机的目录挂载到容器目录中，修改数据时只要在宿主机上修改就可同步到容器中，另外由于两个容器都挂载到宿主机同一目录，解决了两个容器数据一致性问题。

1. 删除两个 Web 容器

使用"docker rm -f 23"和"docker rm -f 21"命令即可删除两个容器应用，操作如下：

```
[root@localhost ~]# docker rm -f 23
23
[root@localhost ~]# docker rm -f 21
21
```

2. 创建数据卷容器 web1

首先在宿主机上创建/web 目录，即-v /web:/usr/local/apache2/ htdocs/，这样宿主机的/web 下中内容就会同步到/usr/local/apache2/htdocs/这个默认主页目录中了，操作如下：

```
[root@localhost ~]# mkdir /web
[root@localhost ~]# docker run --name=web1 -d -p 81:80 -v /web:/usr/local/apache2/htdocs/ dd8
83827c2b9b1cd8b1d456a6209d90b485385091096edeeca8954c81fbae174962
```

3. 创建数据卷容器 web2

同 web1 容器一样，再次创建 web2 容器，将宿主机/web 目录挂载到/usr/local/apache2/htdocs 目录中，操作如下：

```
[root@localhost ~]# docker run --name=web2 -d -p 82:80 -v /web:/usr/local/apache2/htdocs/ dd8
    886cd1e27b3acfc6b14388db1573eb9317672f29014c471ceb8b867dc92d0ad0
```

4．同步容器数据

现在，只要在/web 下创建 index.html，输入内容，那么容器 web1 和 web2 就会显示宿主机/web 下 index.html 网页内容了，操作如下：

```
[root@localhost ~]# cd /web
[root@localhost web]# echo "volume success" > index.html
```

进入宿主机的/web 目录，创建 index.html，输入内容 volume success 后，再次使用 http://192.168.0.20:81/访问容器 web1 容器应用，发现默认网页内容已经被同步了，如图 2-14 所示。

图 2-14　Web1 容器数据同步成功

使用 http://192.168.0.20:82/访问 web2 容器应用，发现默认网页内容也已经被同步了，如图 2-15 所示。

图 2-15　Web2 容器数据同步成功

2.2.3　绑定挂载文件配置 Nginx 服务

在 2.2.2.2 中，通过启动两个 Apache 容器，并同步宿主机的数据到容器 Web 应用中，实现了两个容器数据的同步，但在用户访问时，需要实现访问一个地址，然后将访问转发到两个 Web 容器中，这就需要搭建 Nginx 负载均衡容器，实现这个需求。

1．下载 Nginx 镜像

使用 docker pull nginx 下载 Nginx 镜像的 1.8.1 版本，如果不指定版本号，默认下载 latest 版本。

```
[root@localhost ~]# docker pull nginx:1.8.1
```

查看下载的 Nginx 镜像：

```
[root@localhost ~]# docker images
REPOSITORY      TAG        IMAGE ID         CREATED         SIZE
mysql           5.7        f07dfa83b528     6 days ago      448MB
httpd           latest     dd85cdbb9987     2 weeks ago     138MB
nginx           1.8.1      0d493297b409     4 years ago     133MB
```

使用 docker images 发现 nginx:1.8.1 镜像已经下载到了本地。

2. 运行 Nginx 镜像

使用 docker run 运行 Nginx 镜像，操作如下：

```
[root@localhost~]# docker run --name=nginx -d -p 80:80 0d4
4e8e8178d879bb8838f17146ffb47ff27775affa76c0980ece393bdcb65f024c
```

使用 docker ps -a 查看所有容器，如图 2-16 所示。

```
CONTAINER ID   IMAGE   COMMAND                  CREATED          STATUS              PORTS                          NAMES
4e8e8178d879   0d4     "nginx -g 'daemon of…"   36 seconds ago   Up 35 seconds       0.0.0.0:80->80/tcp, 443/tcp    nginx
886cd1e27b3a   dd8     "httpd-foreground"       4 hours ago      Up About a minute   0.0.0.0:82->80/tcp             web2
83827c2b9b1c   dd8     "httpd-foreground"       4 hours ago      Up About a minute   0.0.0.0:81->80/tcp             web1
```

图 2-16　查看所有容器

发现已经有 3 个容器在运行，分别是 ginx、web1、web2。

3. 访问 Nginx 容器应用

因为在运行 Nginx 镜像时，已经把生成容器的 80 端口映射到宿主机的 80 端口了，所以使用 http://192.168.0.20/访问 Nginx 容器应用，如图 2-17 所示。

图 2-17　访问 Nginx 容器应用

4. 挂载宿主机文件到容器

Nginx 是一个可以提供 Web 网站服务的软件，和 Apache 服务相比，它更适合静态页面的大量并发访问，另外，它还能够提供负载均衡的功能，以下通过挂载宿主机文件到容器某个文件下，实现负载均衡效果。

（1）删除创建的 Nginx 容器

```
[root@localhost nginx]# docker rm -f 4e8
```

（2）挂载文件

创建 nginx 目录，在 nginx 目录下创建 nginx.conf 文件，挂载到容器的/etc/nginx/conf.d 目录下，名称为 balance.conf，操作如下：

```
[root@localhost /]# mkdir nginx
[root@localhost /]# cd nginx/
[root@localhost nginx]# touch nginx.conf
[root@localhost ~]# docker run --name=nginx -d -p 80:80 -v /nginx/nginx.conf:/etc/nginx/conf.d/balance.conf 0d4
92fd86e9a751d5d82905bb166cb16bc73c33c4fd90fe3ed3adf9ce61785cd928
```

（3）进入容器查看挂载文件

进入使用了数据卷挂载的容器中，进入/etc/nginx/conf.d 目录，发现 balance.conf 文件已经存在了。操作如下：

```
[root@localhost ~]# docker exec -it 92f /bin/bash
root@92fd86e9a751:/# cd /etc/nginx/conf.d/
root@92fd86e9a751:/etc/nginx/conf.d# ls
balance.conf  default.conf  example_ssl.conf
```

这里为什么要把宿主机中的/nginx/nginx.conf 文件挂载到容器中的/etc/nginx/conf.d 中的 balance.conf 文件呢，因为在容器中的/etc/nginx/conf.d 下的任意以.conf 结尾的文件都是 Nginx 应用的配置文件。所以修改宿主机的/nginx/nginx.conf 文件就可以修改 Nginx 应用的配置了。

（4）修改 Nginx 配置实现负载均衡

在宿主机中，打开/nginx/nginx.conf 文件

```
[root@localhost ~]# vim /nginx/nginx.conf
```

打开后，输入如下配置。

```
upstream web{
    server 192.168.0.20:81;
    server 192.168.0.20:82;
}
server {
    listen       80;
    server_name  localhost;
    location / {
        proxy_pass http://web;
    }
}
```

其中 server 模块是主机模块，location 中 proxy_pass 的作用是把来自容器 80 的流量转发到 http://web 上。http://web 这个地址就是 upstream web 模块对应的地址，两个服务器分别是 192.168.0.20:81 和 192.168.0.20:82，在默认访问策略下，会分别轮询访问每个服务器。

（5）测试配置

首先关闭防火墙，否则会阻挡 Nginx 容器访问两个服务，然后重启一下 Nginx 容器，操作如下：

```
[root@localhost ~]# systemctl stop firewalld
[root@localhost ~]# docker restart 92f
92f
```

在 Windows 中使用浏览器打开 http://192.168.0.20 再次访问 Nginx 容器，这次就不再显示 Nginx 容器默认主页了，而且把访问轮询发给 192.168.0.20:81 和 192.168.0.20:82，如图 2-18 所示。

图 2-18 Nginx 容器负载均衡到 web1 和 web2

这样，就通过修改宿主机中的文件修改了 Nginx 容器配置。

任务拓展训练

1）下载 nginx:1.8.1 镜像。
2）使用 nginx:1.8.1 镜像运行 3 个容器，名称分别为 nginx，web1 和 web2。
3）在宿主机上建立/data 目录，创建 index.html 文件，输入内容 myweb。将/data 绑定挂载到 web1 和 web2 容器的默认网站目录下。
4）在宿主机的/root 目录下创建 nginx.conf 文件，绑定挂载到 Nginx 容器/etc/nginx/conf.d 目录中，名称为 ba.conf。
5）在/root/nginx.conf 中配置负载均衡，让访问流量轮询到 web1 和 web2 容器。

项目小结

1）容器数据持久化是将容器内的数据存储在宿主机或者网络上。
2）多容器数据同步的方法是使用数据绑定将多个容器目录挂载到宿主机同一目录。
3）要区分数据卷绑定和 Bind 数据绑定的区别，数据卷可以实现双向绑定，而 Bind 数据绑定实现宿主机到容器数据的绑定。
4）在宿主机上修改配置文件后，需要重启容器，配置才可以生效。

▶习题

一、选择题

1. 以下关于容器持久化数据的说法中，不正确的是（　　）。
   A．卷是在 Docker 中持久化数据存储的最佳方式
   B．容器的外部存储位于 Docker 主机本地存储区域之外
   C．绑定挂载限制容器的可移植性
   D．卷没有绕过联合文件系统，其读写性能不如绑定挂载
2. 以下关于卷的说法中，不正确的是（　　）。
   A．同一个卷可以由多个容器挂载
   B．删除容器时会同时删除其匿名卷
   C．将一个空白卷挂载到容器中已包含文件的目录中，则这些文件会被复制到卷中
   D．启动带有卷的容器时，如果卷不存在，则 Docker 会自动创建该卷
3. 以下关于绑定挂载的说法中，不正确的是（　　）。
   A．绑定挂载目标可以使用 pwd 命令表示容器的当前目录
   B．绑定挂载文件可以用于主机与容器之间共享配置文件
   C．需要挂载的目录可以由主机上的绝对路径或相对路径引用
   D．无论主机上的目录是否为空，绑定挂载到容器中的非空目录都会发生被遮盖的情况
4. 以下关于挂载操作的说法中，正确的是（　　）。

A．Docker 支持在容器中使用相对路径的挂载点目录

B．使用 docker run 命令时-v 选项可以将所有选项组合在一个字段中

C．使用 docker run 命令时--mount 选项采用若干键值对的写法，但同一个键只能用一次

D．对于 tmpfs 挂载，使用 docker run 命令时只可以使用--tmpfs 选项

二、填空题

1．数据卷绑定后，容器的 Mounts 字段中 type 类型的值是_____。
2．数据卷绑定可以实现宿主机和容器的_____绑定。
3．Bind 数据绑定可以实现宿主机到容器的_____绑定。
4．绑定一个文件到容器通常用在修改容器应用的_____。
5．当宿主机目录为空，容器目录数据不为空时，使用数据卷绑定时，宿主机的目录是_____。

项目 3　部署 Docker 网络

本项目思维导图

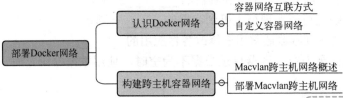

▶任务 3.1　认识 Docker 网络

3-1
认识 Docker
网络

📖 学习情境

使用 Docker 容器的目的是让用户可以访问容器中的应用，这个用户可能是本宿主机上其他的容器，或者来自宿主机，或者来自网络，这就要求在部署 Docker 容器的时候，保证容器的网络畅通，提供稳定的访问。技术主管要求你理解 Docker 容器和容器之间、容器和宿主机之间、容器与宿主机外部的网络互联方式，并能够创建容器专属的网络。

⚙ 教学内容

1）容器和容器之间的网络互联方式
2）容器和宿主机之间的网络互联方式
3）容器和宿主机外部的网络互联方式

⚙ 教学目标

知识目标：
1）掌握容器网络互联方式
2）掌握创建自定义网络的方法
能力目标：
1）会检查容器网络参数
2）会建立容器专属网络

3.1.1　容器网络互联方式

3.1.1.1　Docker 默认网络模式

在安装了 Docker 服务后，它会默认创建 3 种网络模式，分别是 bridge、host、none，可以使用命令 docker network ls 进行查看。

```
[root@localhost ~]# docker network ls
NETWORK ID          NAME                DRIVER              SCOPE
7801e638bf7e        bridge              bridge              local
462a0d59d54c        host                host                local
```

| a3a594505ce5 | none | null | local |

其中 NETWORK ID 是每种网络的 ID 号，DRIVER 是使用的驱动，SCOPE 是网络作用范围。

当运行镜像创建容器时，默认使用 bridge 网络模式，如果想使用其他网络模式，可以使用 docker run --network=选项进行指定。

--network 选项的值有 4 种，分别介绍如下。

1. bridge 模式

使用--net=bridge 指定，默认设置。相当于 VMware 中的 NAT 模式，容器使用独立 network Namespace，在默认模式下，容器连接到 docker0 虚拟网卡。通过 docker0 网桥以及 Iptables 表配置与宿主机通信，bridge 模式是 Docker 默认的网络设置，此模式会为每一个容器分配 Network Namespace，设置 IP 等，并将一个主机上的 Docker 容器连接到一个虚拟网桥上。

2. host 模式

使用--net=host 指定，使用 Host 网络的容器与宿主机在同一个网络中，IP 地址就是宿主机的 IP 地址。

Docker 使用了 Linux 的 Namespaces 技术来进行资源隔离，一个 Namespaces 可以理解成一个工作空间，与其他工作空间隔离开，如 PID Namespace 隔离进程，Mount Namespace 隔离文件系统，Network Namespace 隔离网络等。

一个 Network Namespace 提供了一份独立的网络环境，包括网卡、路由、Iptables 规则等都与其他的 Network Namespace 隔离，每个 Docker 容器通常会分配一个独立的 Network Namespace。但如果启动容器的时候使用 host 模式，那么这个容器将不会获得一个独立的 Network Namespace，而是和宿主机使用同一个 Network Namespace。容器将不会虚拟出自己的网卡，配置自己的 IP 地址等，而是使用宿主机的网卡和 IP 地址。

3. container 模式

Container 网络模式指定新创建的容器和已经存在的一个容器共享一个 Network Namespace，而不是和宿主机共享，新创建的容器不会创建自己的网卡，配置自己的 IP，而是和一个指定的容器共享 IP、端口范围等，两个容器除了网络方面，其他的如文件系统、进程列表等还是隔离的，两个容器的进程可以通过回环网卡设备通信，container 模式适合两个容器频繁通信的场景。

4. none 模式

使用--net=none 指定，该模式将容器放置在它自己的网络栈中，它不对网络进行任何配置，该模式关闭了容器的网络功能，通常用在容器并不需要网络的场景中，如只需要写磁盘卷的批处理任务。

3.1.1.2　Docker Bridge 网络模式详解

1. Bridge 网络模式介绍

Bridge 网络模式是容器的默认网络模式，也是最常用的网络互联模式，如图 3-1 所示，当 Docker server 启动时，会在主机上创建一个名为 docker0 的虚拟网桥，此主机上启动的 Docker 容器会连接到这个虚拟网桥上。虚拟网桥的工作方式和物理交换机类似，这样主机上的所有容器就通过交换机连在了一个二层网络中，接下来就要为容器分配 IP 了，Docker 会从 RFC1918 所定义的私有 IP 网段中，选择一个和宿主机不同的 IP 地址和子网分配给 docker0，连接到

docker0 的容器启动时从这个子网中获取 IP 地址，如 Docker 使用 172.17.0.0/16 这个网段，并将 172.17.0.1/16 分配给 docker0 网桥。

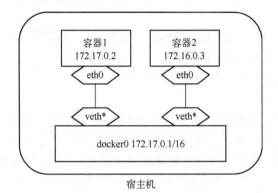

图 3-1　Bridge 网络拓扑图

2．查看 docker0 网桥

在宿主机上使用 ip addr 查看 IP 地址。

```
[root@localhost ~]# ip addr
```

显示结果如下：

```
1: lo: <LOOPBACK,UP,LOWER_UP> mtu 65536 qdisc noqueue state UNKNOWN group default qlen 1000
    link/loopback 00:00:00:00:00:00 brd 00:00:00:00:00:00
    inet 127.0.0.1/8 scope host lo
       valid_lft forever preferred_lft forever
    inet6 ::1/128 scope host
       valid_lft forever preferred_lft forever
2: ens33: <BROADCAST,MULTICAST,UP,LOWER_UP> mtu 1500 qdisc pfifo_fast state UP group default qlen 1000
    link/ether 00:0c:29:83:4b:eb brd ff:ff:ff:ff:ff:ff
    inet 192.168.0.20/24 brd 192.168.0.255 scope global noprefixroute ens33
       valid_lft forever preferred_lft forever
    inet6 fe80::5206:6cc9:70a3:31e9/64 scope link noprefixroute
       valid_lft forever preferred_lft forever
3: docker0: <NO-CARRIER,BROADCAST,MULTICAST,UP> mtu 1500 qdisc noqueue state DOWN group default
    link/ether 02:42:eb:51:c2:f8 brd ff:ff:ff:ff:ff:ff
    inet 172.17.0.1/16 brd 172.17.255.255 scope global docker0
       valid_lft forever preferred_lft forever
    inet6 fe80::42:ebff:fe51:c2f8/64 scope link
       valid_lft forever preferred_lft forever
```

发现在本机上除了宿主机的网卡 Ens33 之外，还有一个 Docker 服务虚拟出来的 docker0 网卡，IP 地址是 172.17.0.1/16。可以把它理解成 Docker 宿主机和容器的网桥，在这个网桥上可以虚拟出多个网卡。

3．veth pair 虚拟网卡

Bridge 网络会在主机上创建一对 veth pair 设备，它的一端放在新建容器中，并命名为 eth0。另一端放在宿主机的 docker0 网桥上，以类似 veth9035b1e 的名字命名。veth 设备用来连接两个网络设备，它们组成了一个数据的通道，数据从宿主机或者容器进入，从另一端出来。

（1）查看 docker0 网桥 veth pair

通过 brctl show 命令查看宿主机 docker0 网桥上的 veth 设备。首先在宿主机上安装 bridge-utils 工具，才能使用 brctl show 命令查看网桥设备。

```
[root@localhost ~]# yum install bridge-utils -y
```

在安装了 bridge-utils-1.5-9.el7.x86_64 软件包后，使用 brctl show 查看 docker0 网桥上的 veth pair 设备。

```
[root@localhost ~]# brctl show
```

结果如下：

```
bridge name     bridge id               STP enabled     interfaces
docker0         8000.0242eb51c2f8       no
```

确实查看到了 docker0 网桥，但是在 interfaces 接口处没有发现 veth 设备，这是因为没有运行任何容器，所以就不会建立 veth pair 设备。

（2）运行容器再次查看 docker0 的 veth pair

下载运行 alpine:latest 镜像，使用 alpine:latest 镜像的原因是它比较小，同时支持容器内的网络命令。

```
[root@localhost ~]# docker pull alpine
```

查看下载的 alpine 镜像：

```
[root@localhost ~]# docker images
REPOSITORY      TAG         IMAGE ID        CREATED         SIZE
alpine          latest      389fef711851    13 days ago     5.58MB
```

使用 docker run 命令运行该镜像，建立一个新的容器。

```
[root@localhost ~]# docker run -itd --name=test1 389 /bin/sh
4e05c7b4ed9f42def86087702d237b09f86053dcd3d2f2bf5a6952f10f5381c4
```

这里创建了 test1 这个测试容器，使用-it /bin/sh 可开启一个终端 shell 进程，保持和容器的交互，保证容器一直运行。

然后再次使用 brctl show 命令查看 docker0 网桥：

```
[root@localhost ~]# brctl show
bridge name bridge id               STP enabled interfaces
docker0     8000.0242eb51c2f8       no          veth56ee4ac
```

这次发现 docker0 网桥上已经有一个虚拟网卡接口 veth56ee4ac 了。

（3）查看容器的 veth pair

进入容器后，使用 ip addr 命令查询到容器除了回环网卡 lo 外，还有一个 eth0 的网卡，IP 地址是 172.17.0.2/16，这个网卡就是和 docker0 上的 veth56ee4ac 对应的 veth 接口了，操作如下：

```
[root@localhost ~]# docker exec -it 4e /bin/sh
/ # ip addr
1: lo: <LOOPBACK,UP,LOWER_UP> mtu 65536 qdisc noqueue state UNKNOWN qlen 1000
```

```
          link/loopback 00:00:00:00:00:00 brd 00:00:00:00:00:00
          inet 127.0.0.1/8 scope host lo
             valid_lft forever preferred_lft forever
       98: eth0@if99: <BROADCAST,MULTICAST,UP,LOWER_UP,M-DOWN> mtu 1500 qdisc
   noqueue state UP
          link/ether 02:42:ac:11:00:02 brd ff:ff:ff:ff:ff:ff
          inet 172.17.0.2/16 brd 172.17.255.255 scope global eth0
             valid_lft forever preferred_lft forever
```

3.1.1.3 测试容器网络连通性

掌握了 Bridge 网络模式后，就来测试容器和容器之间、容器和宿主机之间、容器和外部网络之间的连通性。

1．测试容器和容器网络连通性

（1）创建第二个测试容器

```
[root@localhost ~]# docker run -itd --name=test2 389 /bin/sh
7dd07239daac0c65bdad10cf492f0293892546e1016da976cc03e7a2a2604718
```

使用 alpine:latest 镜像再创建一个容器，名称为 test2。

（2）测试 test1 和 test2 的连通性

以上通过查询知道 test1 容器的 IP 地址是 172.17.0.2/16，所以进入 test2 容器，使用 ping 命令测试与 172.17.0.2/16 是否可以通信即可。

```
[root@localhost ~]# docker exec -it 7dd /bin/sh
/ # ip addr
1: lo: <LOOPBACK,UP,LOWER_UP> mtu 65536 qdisc noqueue state UNKNOWN qlen 1000
          link/loopback 00:00:00:00:00:00 brd 00:00:00:00:00:00
          inet 127.0.0.1/8 scope host lo
             valid_lft forever preferred_lft forever
       102: eth0@if103: <BROADCAST,MULTICAST,UP,LOWER_UP,M-DOWN> mtu 1500 qdisc
   noqueue state UP
          link/ether 02:42:ac:11:00:03 brd ff:ff:ff:ff:ff:ff
          inet 172.17.0.3/16 brd 172.17.255.255 scope global eth0
             valid_lft forever preferred_lft forever
```

进入 test2 容器后，使用 ip addr 命令查询到 test2 的 eth0 虚拟网卡 IP 地址是 172.17.0.3/16。使用 ping 172.17.0.2 测试与 test1 是否可以通信。

```
/ # ping 172.17.0.2
PING 172.17.0.2 (172.17.0.2): 56 data bytes
64 bytes from 172.17.0.2: seq=0 ttl=64 time=0.748 ms
64 bytes from 172.17.0.2: seq=1 ttl=64 time=0.071 ms
64 bytes from 172.17.0.2: seq=2 ttl=64 time=0.070 ms
64 bytes from 172.17.0.2: seq=3 ttl=64 time=0.084 ms
```

通过测试，发现 test2 容器和 test1 容器可以正常通信。

能够正常通信的原因就是因为 test1 容器和 test2 容器都连接到了 docker0 网桥上，相当于 2 个容器连接到了一个二层交换机上，而且都处于同一网络，所以可以正常通信。

（3）使用名称访问容器

在创建容器时，使用--link 其他容器名称，可以和其他容器建立连接关系，之后通过容器名称或者别名就可以访问其他容器了。

1）运行 mysql:5.7 镜像。

使用 mysql:5.7 镜像创建了一个容器，名称为 mysql，设置容器环境变量 MYSQL_ROOT_PASSWORD 的值为 1。并没有暴露容器的端口给宿主机。

```
[root@localhost ~]# docker run --name=mysql -d -e MYSQL_ROOT_PASSWORD=1 mysql:5.7
    e3eb6e30d21623c4c701b624adee7ae2ff4aa230d6f99eee05ac6d87c7b28733
```

2）使用--link 参数运行 Web 应用镜像。

使用 dami:v1（在项目 4 中介绍如何制作）创建了名称为 web 的容器，在创建容器时，使用--link 连接到了 MySQL 容器，操作如下：

```
[root@localhost dami]# docker run -d -p 80:80 --name=web --link=mysql dami:v1
    d4225b3cac6af939022f898863eb87f4441263dbd5ad24b26a8cd9e27bf26ec2
```

3）进入 Web 容器查看域名解析文件。

进入 Web 容器：

```
[root@localhost dami]# docker exec -it d4 /bin/bash
```

查看/etc/hosts 文件：

```
[root@d4225b3cac6a /]# cat /etc/hosts
127.0.0.1    localhost
::1 localhost ip6-localhost ip6-loopback
fe00::0 ip6-localnet
ff00::0 ip6-mcastprefix
ff02::1 ip6-allnodes
ff02::2 ip6-allrouters
172.17.0.2    mysql e3eb6e30d216
172.17.0.3    d4225b3cac6a
```

发现在 Web 容器的 hosts 文件中，已经将 172.17.0.2 容器的名称 mysql 添加到/etc/hosts 文件中，说明可以使用 mysql 这个名字访问 MySQL 容器了，使用 ping mysql 返回结果如下。

```
[root@d4225b3cac6a /]# ping mysql
PING mysql (172.17.0.2) 56(84) bytes of data.
64 bytes from mysql (172.17.0.2): icmp_seq=1 ttl=64 time=0.128 ms
64 bytes from mysql (172.17.0.2): icmp_seq=2 ttl=64 time=0.109 ms
```

说明在 Web 容器中，可以通过 MySQL 容器名称访问了。

4）进入 Web 容器查看 env 环境变量。

使用 env 查看环境变量后，发现 MySQL 容器的环境变量已经加入到 Web 容器中，就可以在 Web 容器中获取这些变量进行相关操作了，例如连接数据库。

```
[root@d4225b3cac6a /]# env
MYSQL_ENV_MYSQL_ROOT_PASSWORD=1
MYSQL_NAME=/web/mysql
```

```
MYSQL_PORT_3306_TCP_PROTO=tcp
MYSQL_PORT_3306_TCP_ADDR=172.17.0.2
MYSQL_PORT_33060_TCP_ADDR=172.17.0.2
MYSQL_ENV_MYSQL_MAJOR=5.7
MYSQL_PORT=tcp://172.17.0.2:3306
```

5）在 Windows 上测试。

使用浏览器安装 Web 应用时，在连接数据库界面中，输入数据库的容器名称 mysql 和数据库的密码 1，发现可以连接成功了，如图 3-2 所示。

图 3-2　通过容器名称连接数据库

2．测试容器和宿主机网络连通性

（1）测试与 docker0 的 IP 地址连通性

```
/ # ping 172.17.0.1
PING 172.17.0.1 (172.17.0.1): 56 data bytes
64 bytes from 172.17.0.1: seq=0 ttl=64 time=0.087 ms
64 bytes from 172.17.0.1: seq=1 ttl=64 time=0.093 ms
64 bytes from 172.17.0.1: seq=2 ttl=64 time=0.109 ms
```

通过测试，发现可以正常通信，这是因为容器直接连接到 docker0 网桥，这个网桥上的接口 172.17.0.1 和宿主机同样相当于连在一个二层交换机上，所以可以正常通信。

（2）测试容器与宿主机 ENS33 接口连通性

```
/ # ping 192.168.0.20
PING 192.168.0.20 (192.168.0.20): 56 data bytes
64 bytes from 192.168.0.20: seq=0 ttl=64 time=0.114 ms
64 bytes from 192.168.0.20: seq=1 ttl=64 time=0.075 ms
64 bytes from 192.168.0.20: seq=2 ttl=64 time=0.077 ms
64 bytes from 192.168.0.20: seq=3 ttl=64 time=0.080 ms
```

通过测试，发现同样可以正常通信，为什么能够 ping 通呢？

首先使用 route 命令查看一下容器的路由表。

```
/ # route
Kernel IP routing table
Destination     Gateway         Genmask         Flags   Metric  Ref     Use     Iface
default         172.17.0.1      0.0.0.0         UG      0       0       0       eth0
172.17.0.0      *               255.255.0.0     U       0       0       0       eth0
```

通过查看路由表，发现容器的 Default Gateway（默认网关）是 172.17.0.1，也就是 docker0 网桥的接口 IP 地址，即发往 172.17.0.0/16 以外的其他网络的数据都经过网关 172.17.0.1。

然后在宿主机上使用 route 命令查询路由表。

```
[root@localhost ~]# route
Kernel IP routing table
Destination  Gateway     Genmask         Flags   Metric  Ref     Use Iface
default      gateway     0.0.0.0         UG      100     0       0 ens33
172.17.0.0   0.0.0.0     255.255.0.0     U       0       0       0 docker0
192.168.0.0  0.0.0.0     255.255.255.0   U       100     0       0 ens33
```

发现发往 172.17.0.0 网络的数据都被发送到 docker0 网桥的接口了，此时，容器和宿主机 ens33 的网络拓扑如图 3-3 所示。

每个接口都有去往另一个接口的路由表信息，所以能够正常通信了。

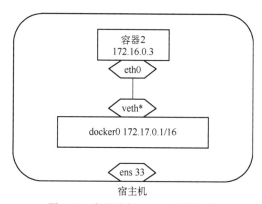

图 3-3　容器访问 ens33 网络拓扑

3．测试容器与宿主机外部网络连通性

```
/ # ping www.baidu.com
PING www.baidu.com (39.156.66.14): 56 data bytes
64 bytes from 39.156.66.14: seq=0 ttl=127 time=83.455 ms
64 bytes from 39.156.66.14: seq=1 ttl=127 time=65.159 ms
64 bytes from 39.156.66.14: seq=2 ttl=127 time=92.680 ms
64 bytes from 39.156.66.14: seq=3 ttl=127 time=62.763 ms
64 bytes from 39.156.66.14: seq=4 ttl=127 time=54.218 ms
```

在 test2 容器中测试与 www.baidu.com 的连通性，发现可以访问，这又是为什么呢？

首先，当容器访问外部网络时，会根据本机的路由表将数据发送给默认网关 172.17.0.1，如果宿主机在路由表中没有查找到需要的外部网络地址，就发送给默认网关的 ens33 接口，这时宿主机使用 Iptables 技术将容器的源地址转换成 ens33 的接口 IP 地址，再将数据转发出去，访问外部网络，即完成了一次 SNAT 转换，查看 Iptables 的 nat 列表可以发现这个规则。

```
[root@localhost ~]# iptables -t nat --list
```

```
target          prot   opt    source              destination
MASQUERADE      all    --     172.17.0.0/16       anywhere
```

此条目意思是将容器所在的 172.17.0.0/16 的所有主机访问 anywhere（任何目的地）的外网地址都进行伪装，实际上就是转换成出口的 IP 地址了。此时网络拓扑如图 3-4 所示。

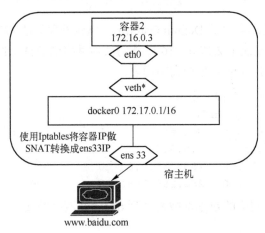

图 3-4　容器访问外部网络拓扑

4．测试外部网络访问容器

外部网络访问容器也是借助 ens33 接口实现的，如果容器想提供给外部网络访问，首先需要映射一个端口给宿主机的端口，当外部网络想访问容器时，直接访问宿主机的这个端口就可以了。这是因为在宿主机上同样使用 Iptables 实现了 DNAT 端口映射。

（1）运行 nginx:1.8.1 镜像

```
[root@localhost ~]# docker run --name=nginx -d -p 81:80 nginx:1.8.1
```

通过 docker run 运行了一个 Nginx 镜像，映射到宿主机的 81 端口。

（2）查看 Iptables 的 nat 列表

```
[root@localhost ~]# iptables -t nat --list
Chain DOCKER (2 references)
target       prot   opt   source          destination
RETURN       all    --    anywhere        anywhere
DNAT         tcp    --    anywhere        anywhere        tcp dpt:81 to:172.17.0.2:80
```

发现使用 TCP 访问主机 81 端口的流量就被转到了 172.17.0.2:80 地址了，做了 DNAT 映射，这时，就可以访问 http://192.168.0.20:81 这个地址来访问 Nginx 服务了，只要外部网络可以访问 192.168.0.20 即可，在 Windows 中通过浏览器访问 http://192.168.0.20:81/，结果如图 3-5 所示。

图 3-5　外部访问容器

此时的网络拓扑如图 3-6 所示。

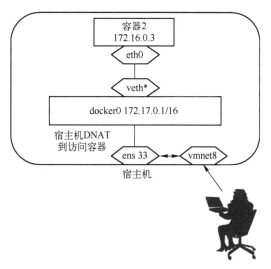

图 3-6　外部访问容器网络拓扑

3.1.2　自定义容器网络

在默认情况下，所有的容器都连接到 docker0 网桥一个设备上，这样所有的容器之间都可以通信了。在有些场景下，并不需要所有的容器都是互联的，比如两个不同的容器应用，一个部署的是电商平台，另一个部署的是游戏应用。这两个容器之间就没有必要通信，因为一旦一个容器出现病毒，就会影响其他容器。

本节介绍在 docker0 网桥的基础上，再创建一个自定义的网桥，使用 docker0 创建一个容器，再使用新建立的网桥创建容器，让两个容器之间不能互相访问。

1．创建自定义网桥

创建和管理 Docker 网络的命令是 docker network，使用 docker network --help 可以查看常用的子命令，操作如下：

```
[root@localhost ~]# docker network --help
Usage:  docker network COMMAND
Manage networks
Commands:
 connect     Connect a container to a network
 create      Create a network
 disconnect  Disconnect a container from a network
 inspect     Display detailed information on one or more networks
 ls          List networks
 prune       Remove all unused networks
 rm          Remove one or more networks
```

经常使用的有：create 用来创建一个网络，ls 显示网络列表，inspect 检查网络详细信息，使用 docker network create 创建一个网络，加上 -d bridge 创建桥接网络，这里的 -d 是可以省略的，因为默认创建的就是桥接网络。

```
[root@localhost ~]# docker network create -d bridge net
```

303a79b9fe83e0e0856957ae47906212bce4d7209f556e1dc208193da51cb1d1

2．查看创建的网络

（1）查看网络列表

以上创建了一个桥接网络，命名为 net，创建完成后使用 docker network ls 可以查看建立的网络列表。

```
[root@localhost ~]# docker network ls
NETWORK ID          NAME                DRIVER              SCOPE
3865f1f29f0d        bridge              bridge              local
462a0d59d54c        host                host                local
303a79b9fe83        net                 bridge              local
a3a594505ce5        none                null                local
```

（2）查看网络详细信息

通过查询发现创建了名称为 net 的 bridge 网络，使用"docker network inspect 网络名称"可以检查创建网络的详细信息。

```
[root@localhost ~]# docker inspect net
[
    {
        "Name": "net",
        "Id":"303a79b9fe83e0e0856957ae47906212bce4d7209f556e1dc208193da51cb1d1",
        "Created": "2020-12-31T10:40:27.524849508+08:00",
        "Scope": "local",
        "Driver": "bridge",
        "EnableIPv6": false,
        "IPAM": {
            "Driver": "default",
            "Options": {},
            "Config": [
                {
                    "Subnet": "172.18.0.0/16",
                    "Gateway": "172.18.0.1"
                }
            ]
        },
        "Internal": false,
        "Attachable": false,
        "Ingress": false,
        "ConfigFrom": {
            "Network": ""
        },
        "ConfigOnly": false,
        "Containers": {},
        "Options": {},
        "Labels": {}
    }
]
```

通过查询发现该网络的网络地址是 172.18.0.0/16，网关地址是 172.18.0.1。如果想自己定义网络地址的话，可以在创建时加上参数 --subnet，如

```
[root@localhost ~]# docker network create --subnet=172.20.0.0/16 mynet
```

（3）查看新建立的 net 网桥 ID

在宿主机上使用 ip addr 查看：

```
112: br-303a79b9fe83: <NO-CARRIER,BROADCAST,MULTICAST,UP> mtu 1500 qdisc noqueue state DOWN group default
    link/ether 02:42:a4:2a:2f:7c brd ff:ff:ff:ff:ff:ff
    inet 172.18.0.1/16 brd 172.18.255.255 scope global br-303a79b9fe83
       valid_lft forever preferred_lft forever
```

查询到 net 桥接网络的 ID 是 br-303a79b9fe83，IP 地址是 172.18.0.1/16。

（4）查看连接到 net 网络的 veth 虚拟网卡

```
[root@localhost ~]# brctl show br-303a79b9fe83
bridge name          bridge id           STP enabled interfaces
br-303a79b9fe83      8000.0242a42a2f7c   no
```

使用 brctl show 查看，发现还没有连接到此网络的 veth pair 虚拟网卡，因为没有容器连接到此网络上。

3．创建连接到特定网络的容器

（1）创建连接到 net 网络的容器

```
[root@localhost ~]# docker run --name=mynet -itd --network=net 389 /bin/sh
7e372d946c605ac3cf7cc967f3cf4e4d9924fddc285aef2a4b855347ee836981
```

使用 docker run --network=net 创建了一个连接到 net 桥接网络的容器，名称为 mynet。

（2）查看 net 网络的 veth 虚拟网卡

```
[root@localhost ~]# brctl show br-303a79b9fe83
bridge name          bridge id           STP enabled interfaces
br-303a79b9fe83      8000.0242a42a2f7c   no          vethcb7a8cc
```

再次查看 net 网络的 veth 虚拟网卡设备，发现已经存在 vethcb7a8cc。

（3）查看 mynet 容器的 IP 地址

```
[root@localhost ~]# docker exec -it 7e3 /bin/sh
/ # ip addr
118: eth0@if119: <BROADCAST,MULTICAST,UP,LOWER_UP,M-DOWN> mtu 1500 qdisc noqueue state UP
    link/ether 02:42:ac:12:00:02 brd ff:ff:ff:ff:ff:ff
    inet 172.18.0.2/16 brd 172.18.255.255 scope global eth0
       valid_lft forever preferred_lft forever
```

查询发现容器的 eth0 虚拟网卡地址是 172.18.0.2/16。

（4）测试 mynet 容器与连接到 docker0 网络容器的连通性

```
/ # ping 172.17.0.2
PING 172.17.0.2 (172.17.0.2): 56 data bytes
3 packets transmitted, 0 packets received, 100% packet loss
/ # ping 172.17.0.3
--- 172.17.0.3 ping statistics ---
3 packets transmitted, 0 packets received, 100% packet loss
```

测试连接在 docker0 网桥的 test1 容器和 test2 容器，发现都已经不能连通了，此时两个容器的拓扑如图 3-7 所示，两个容器分别在 2 个二层网络中，网络地址也不同，当然就不能通信了，实现了最初的部署目的。

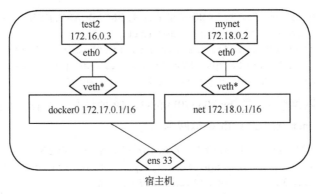

图 3-7　不同网桥容器拓扑结构

任务拓展训练

1）在 Docker 服务上，删除默认的网桥设备 docker0。

2）创建一个新的网桥，名称为 docker1，网络为 172.20.0.0/16。

3）使用 alpine:latest 镜像创建 2 个容器，名称分别为 net1 和 net2，都连接在 docker1 网桥下。

4）查看 docker1 接口的 IP 地址，查看 docker1 网桥的 veth 虚拟网卡。

5）查看 net1 和 net2 容器的 IP 地址，进入 net1 容器，测试与 net2 容器的连通性。

▶任务 3.2　构建跨主机容器网络

3-2
部署跨主机
Macvlan 网络

学习情境

在实际的生产环境中，不可能把所有的容器应用部署在同一台服务器上，因为这样会带来两个问题：一是单点故障，一旦这个服务器出现问题，那应用就不能访问了；二是一台服务器性能毕竟有限。技术主管会要求你在部署两台服务器的跨主机网络时，保证容器中的服务可以跨主机通信。

教学内容

1）Macvlan 跨主机网络概况
2）Macvlan 网络容器互联

教学目标

知识目标：
1）掌握网卡混杂模式的作用
2）掌握 Macvlan 网络的部署方法
能力目标：
1）会部署 Macvlan 多机网络互联
2）会测试 Macvlan 网络

3.2.1 Macvlan 跨主机网络概述

Macvlan 是 Linux 操作系统内核提供的网络虚拟化方案，是效率最高的跨主机网络虚拟化解决方案之一，更准确的说法是网卡虚拟化方案，它本身是 Linux Kernel 模块，其功能是允许在同一个物理网卡上配置多个 MAC 地址，即多个 Interface，每个 Interface 可以配置自己的 IP，Macvlan 本质上是一种网卡虚拟化技术。

Macvlan 的最大优点是性能极好，相比其他跨主机网络，Macvlan 不需要创建 Linux bridge，而是直接通过以太网接口连接到物理网络。

Macvlan 可以为一张物理网卡设置多个 MAC 地址，相当于物理网卡施展了"分身术"，即由一个变多个，针对每个 MAC 地址，都可以设置 IP 地址，本来是一块物理网卡连接到交换机，现在是多块虚拟网卡连接到交换机，这就要求物理网卡打开混杂模式，才可以放行所有网卡的流量。Macvlan 会根据收到包的目的 MAC 地址判断这个包需要交给哪个虚拟网卡，虚拟网卡再把包交给上层的协议栈处理。通过不同的子接口，Macvlan 也能做到流量的隔离。

Macvlan 并没有创建网络，只是虚拟了网卡，共享了物理网卡所连接的外部网络，它的效果与桥接模式是一样的。网络虚拟化的目的就是在多租户场景，在统一的低层网络之上，单独为每个租户虚拟出自己的网络，从而达到隔离的目的。

Macvlan 技术听起来有点像 VLAN，但它们的实现机制是完全不一样的。Macvlan 子接口和原来的主接口是完全独立的，可以单独配置 MAC 地址和 IP 地址，而 VLAN 子接口和主接口共用相同的 MAC 地址。VLAN 用来划分广播域，而 Macvlan 共享同一个广播域。

3.2.2 部署 Macvlan 跨主机网络

Macvlan 跨主机网络拓扑如图 3-8 所示，首先需要在两台 Docker 主机上虚拟出网卡，然后创建基于虚拟网卡的 Macvlan 网络，将容器连接到 Macvlan 网络上。在实际通信时，两个容器的流量首先到达虚拟网卡，再通过 ens33 宿主机网卡转发到远程的主机上，实现容器间的通信。

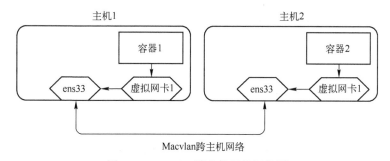

图 3-8 Macvlan 跨主机网络拓扑图

下面就来部署 Macvlan 跨主机网络。

1．配置实验环境

部署 Macvlan 跨主机网络环境如表 3-1 所示。

表 3-1　实验环境

主机	IP 地址
docker1	192.168.0.20
docker2	192.168.0.30

首先使用 VMware 软件克隆出一台虚拟机，配置虚拟机的 ens33 网卡 IP 地址为 192.168.0.30。

2．修改主机名称

```
[root@localhost ~]# hostnamectl set-hostname docker1
[root@localhost ~]# hostnamectl set-hostname docker2
```

重新登录后，两台主机的名称修改成功。

3．打开网卡的混杂模式

（1）配置 docker1 的 ens33 网卡混杂模式

使用"ip link set 网卡名称 promisc on"命令打开网卡的混杂模式。

```
[root@docker1 ~]# ip link set ens33 promisc on
```

使用"ip link show 网卡名称"命令查看网卡模式。

```
[root@docker1 ~]# ip link show ens33
1: ens33: <BROADCAST,MULTICAST,PROMISC,UP,LOWER_UP> mtu 1500 qdisc pfifo_fast state UP mode DEFAULT group default qlen 1000
    link/ether 00:0c:29:0e:ef:5e brd ff:ff:ff:ff:ff:ff
```

输出结果中有 PROMISC，说明已经开启了混杂模式。

（2）配置 docker2 的 ens33 网卡混杂模式

```
[root@docker2 ~]# ip link set ens33 promisc on
[root@docker2 ~]# ip link show ens33
2: ens33: <BROADCAST,MULTICAST,PROMISC,UP,LOWER_UP> mtu 1500 qdisc pfifo_fast state UP mode DEFAULT group default qlen 1000
    link/ether 00:0c:29:b8:49:8f brd ff:ff:ff:ff:ff:ff
```

配置混杂模式需要在 docker1 和 docker2 主机上同时开启。

4．创建 Macvlan 网络

（1）在 docker1 上创建 Macvlan 网络

```
[root@docker1 ~]# docker network create -d macvlan --subnet 192.168.10.0/24 --gateway 192.168.10.1 -o parent=ens33 mac1
ccfe66da613e0be345c9f77b966589f7e3ae8dc165efd202e1b55050b888714f
```

使用 docker network create 创建了一个名称为 mac1 的 Macvlan 网络，其中使用--subnet 指定了网络，使用--gateway 指定了默认网关，使用-o parent 指定实际通信网卡是 ens33。

（2）在 docker2 上创建 Macvlan 网络

```
[root@docker2 ~]# docker network create -d macvlan --subnet 192.168.10.0/24 --gateway 192.168.10.1 -o parent=ens33 mac2
234fc93e9744dfc52cb016e3aa565ad7439038d1e75f5eb8852462d67f42e50d
```

在

docker2 上创建和 docker1 同样的 Macvlan 网络，名称为 mac2。

5．创建基于 Macvlan 网络的容器

（1）在 docker1 上创建基于 Macvlan 网络的容器

```
[root@docker1 ~]# docker run -itd --name testmac1 --ip 192.168.10.10
--network mac1 alpine
    d762cef5de9df816c47d25e5fc5ef65242484084b1a18b0a084729142522fc6f
```

在 docker1 主机上，创建了一个容器，设置 IP 地址是 192.168.10.10，通过--network 指定使用的网络是 mac1。

（2）在 docker2 上创建基于 Macvlan 网络的容器

```
[root@docker2 ~]# docker run -itd --name testmac2 --ip 192.168.10.20
--network mac2 alpine
    b53f05679de68b011bc4b1c06a9492c6b5e0d07e291a2ee461adfc3d0a2dabb4
```

在 docker2 主机上创建了一个容器，设置 IP 地址是 192.168.10.20，通过--network 指定使用的网络是 mac2。

6．检查 mac1 和 mac2

在 Docker 容器上通过 docker network ls 可以查看当前 Docker 服务的网络。

```
[root@docker1 ~]# docker network ls
NETWORK ID          NAME                DRIVER              SCOPE
ea3e0890d885        bridge              bridge              local
462a0d59d54c        host                host                local
ccfe66da613e        mac1                macvlan             local
a3a594505ce5        none                null                local
```

使用 docker network inspect mac1 可以检查 mac1 网络的详细信息。

```
[root@docker1 ~]# docker network inspect mac1
```

显示如下：

```
[
    {
        "Name": "mac1",
        "Id":"ccfe66da613e0be345c9f77b966589f7e3ae8dc165efd202e1b55050b888714f",
        "Created": "2021-01-01T16:16:53.340186844+08:00",
        "Scope": "local",
        "Driver": "macvlan",
        "EnableIPv6": false,
        "IPAM": {
            "Driver": "default",
            "Options": {},
            "Config": [
                {
                    "Subnet": "192.168.10.0/24",
                    "Gateway": "192.168.10.1"
                }
            ]
        },
```

```
            "Internal": false,
            "Attachable": false,
            "Ingress": false,
            "ConfigFrom": {
                "Network": ""
            },
            "ConfigOnly": false,
            "Containers": {
                "d762cef5de9df816c47d25e5fc5ef65242484084b1a18b0a084729142522fc6f": {
                    "Name": "testmac1",
                    "EndpointID": "d19dbd4966d78b368b62fc68b6ad56b9e8fb23455366407676403ea4345bf7cc",
                    "MacAddress": "02:42:c0:a8:0a:0a",
                    "IPv4Address": "192.168.10.10/24",
                    "IPv6Address": ""
                }
            },
            "Options": {
                "parent": "ens33"
            },
            "Labels": {}
        }
]
```

通过检查，发现名称为 testmac1，IP 地址为 192.168.10.10 的容器连接在了这个网络下，用同样的方法可以在 docker2 主机上检查 mac2 网络。

7．测试 testmac1 和 testmac2 两个容器的连通性

（1）测试两个容器都开启时的连通性

```
[root@docker1 ~]# docker exec -it d7 /bin/sh
```

显示如下：

```
/ # ping 192.168.10.20
PING 192.168.10.20 (192.168.10.20): 56 data bytes
64 bytes from 192.168.10.20: seq=0 ttl=64 time=0.675 ms
64 bytes from 192.168.10.20: seq=1 ttl=64 time=0.787 ms
64 bytes from 192.168.10.20: seq=2 ttl=64 time=0.473 ms
64 bytes from 192.168.10.20: seq=3 ttl=64 time=0.440 ms
```

在 docker1 主机上，测试与 docker2 主机 testmac2 容器的连通性，发现可以 ping 通。

（2）测试关闭一个容器时的连通性

在 docker2 主机上，关闭 testmac2 容器。

```
[root@docker2 ~]# docker stop b53
```

再进入 docker1 的 testmac1 容器进行测试，发现不能 ping 通。

```
/ # ping 192.168.10.20
PING 192.168.10.20 (192.168.10.20): 56 data bytes
```

至此，成功部署了跨主机的 Macvlan 网络并进行了测试。

项目3 部署 Docker 网络

任务拓展训练

1）使用克隆命令构建 2 台带有 Docker 服务的主机，主机名称为 docker01 和 docker02。

2）在 docker01 和 docker02 上部署 Macvlan 网络，网络地址为 172.16.10.0/16，默认网关是 172.16.10.1。

3）基于 Macvlan 网络，使用 alpine:latest 镜像，分别在 docker01 和 docker02 上部署容器，指定 IP 地址分别为 172.16.10.10/16，172.16.10.20/16。

4）测试 docker1 和 docker2 两台主机上容器的连通性。

项目小结

1）Docker 的网络模式有四种，其中 Bridge 是默认的网络模式，也是最常用的网络模式。

2）连接在同一 Bridge 网桥上的容器可以通信，如果想控制容器之间的相互访问，可以创建自定义的 Bridge 网络或者 none 网络。

3）容器和外部网络相互访问使用的是 Iptables 规则，容器访问外部使用的是 Snat 规则，外部访问容器使用的是 DNAT 规则。

4）Macvlan 网络是跨主机网络的方案之一，特点是效率非常高。

▶习题

一、选择题

1. 以下关于容器网络的说法中，正确的是（　　）。
    A．容器和容器之间都可以互相访问
    B．无论采用哪种网络，都可以访问外部网络
    C．外部访问容器使用的是容器的 IP 地址
    D．可以通过创建自定义网桥，限制容器之间的访问
2. 使用-p 选项，正确的说法是（　　）。
    A．运行容器时，使用-p 选项可以暴露容器的端口到宿主机的端口上
    B．使用-p 选项只能暴露容器的 TCP 端口
    C．使用-p 选项只能暴露容器的 UDP 端口
    D．使用-p 选项暴露端口时，使用的是 firewalld 防火墙技术
3. 以下说法正确的是（　　）。
    A．只能通过进入容器的办法查看容器 IP 地址
    B．使用--link 是为了让宿主机访问容器
    C．所有网络类型的容器都可以访问外部网络
    D．容器访问外部网络使用的是 Iptables 技术

二、填空题

1. 在宿主机中，检查容器的 IP 地址，可以使用 Docker_____容器 ID。
2. 容器使用-p 暴露端口后，在 IPtables 中的_____表添加了记录。
3. Macvlan 技术实现了_____主机的容器访问。
4. _____网络模式比较适合于容器间频繁通信的场景。
5. _____网络模式没有网络栈，一般作为测试使用。

项目 4 使用 Dockerfile 构建镜像

本项目思维导图

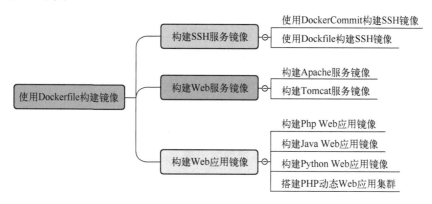

▶任务 4.1 构建 SSH 服务镜像

学习情境

在前三个项目的学习中，都是从 Docker 官网下载镜像，运行镜像，访问容器内的应用。技术主管要求你自己制作 Docker 镜像，首先制作一个 SSH 服务的镜像，这样不仅可以从宿主机进入容器，还可以通过 SSH 远程登录的方法进入容器操作。

教学目标

知识目标：
1）掌握两种制作镜像方法的区别
2）掌握基本的 Dockerfile 语法

能力目标：
1）会使用 docker commit 方法制作镜像
2）会使用 Dockerfile 基础语法制作镜像

教学内容

1）使用 docker commit 方法制作 SSH 镜像
2）使用编写 Dockerfile 方法制作 SSH 镜像

4.1.1 使用 docker commit 方法构建 SSH 镜像

4-1
使用 docker commit 方法构建 SSH 镜像

4.1.1.1 制作镜像的两种方法

Docker 三要素是镜像、容器、仓库。镜像是 Docker 容器最基础的要素，在 Docker 运维中，最基础的工作就是制作适合自己使用的 Docker 镜像，这是因为在 Docker 官网下载的镜像有两个问题，一是他人制作的镜像不能够满足自己所有需求，二是非官方镜像往往存在安全隐患。

制作 Docker 镜像有 2 种方法，一种是 docker commit 方法，另一种是编写 Dockerfile。本次任务讲解如何使用 docker commit 方法制作 SSH 服务镜像。

无论使用哪种方法，都需要基于一个基础镜像，这个基础镜像一般是 Linux 发行版的最简易系统，如 CentOS、Ubuntu、Debian 等。

4.1.1.2 制作 SSH 服务镜像

docker commit 方法实际上是先在一个运行的容器上进行相关操作，然后把这些操作保存下来使用 docker commit 方法制作镜像的大致步骤如下。

1）运行基础镜像。
2）在容器内安装相关服务。
3）保存容器到新的镜像。

在服务器上安装 SSH 服务后，就可以允许远程用户使用用户名和密码登录服务器，以下为使用 docker commit 方法制作 SSH 服务镜像的步骤。

1. 下载基础镜像

首先使用 docker pull 命令下载一个 centos:7 基础镜像，在这个镜像基础上安装 SSH 服务。

```
[root@localhost ~]# docker pull centos:7
```

查看镜像：

```
[root@localhost ~]# docker images
REPOSITORY   TAG    IMAGE ID       CREATED       SIZE
centos       7      8652b9f0cb4c   7 weeks ago   204MB
```

以上信息说明成功下载 centos:7 镜像。

2. 运行 centos:7 镜像

使用 docker run 命令运行 centos:7 镜像，创建名称为 centos7 的容器。

```
[root@localhost ~]# docker run --name=centos7 -itd 865 /bin/bash
70509559056b7d40f74730a70dbd0e5a80a339c7e566e6025b73fb42e6b07864
```

注意这里使用-itd /bin/bash，-d 的作用是让容器进程和当前终端无关，-it /bin/bash 的作用是启用一个和容器交互的终端，这样容器才能一直保持运行状态，否则容器启动后会因没有运行的应用而退出。

3. 容器安装 SSH 服务

（1）进入 centos7 容器

```
[root@localhost ~]# docker exec -it 70 /bin/bash
```

（2）检查网络和 Yum 源

```
[root@70509559056b /]# ping -c 2 www.baidu.com
```

显示结果如下：

```
PING www.a.shifen.com (39.156.66.18) 56(84) bytes of data.
64 bytes from 39.156.66.18 (39.156.66.18): icmp_seq=1 ttl=127 time=65.8 ms
```

```
64 bytes from 39.156.66.18 (39.156.66.18): icmp_seq=2 ttl=127 time=86.9 ms
```

通过 ping www.baidu.com 发现容器可以访问网络。

查看 yum 源列表：

```
[root@70509559056b /]# yum repolist
```

显示结果如下：

```
Loaded plugins: fastestmirror, ovl
Loading mirror speeds from cached hostfile
 * base: mirrors.163.com
 * extras: mirrors.163.com
 * updates: mirrors.aliyun.com
```

执行 yum repolist 命令可发现容器配置网络源。

（3）安装 SSH 服务

使用 yum install 命令安装 openssh 服务的服务端、客户端和相关依赖。

```
[root@70509559056b /]# yum install openssh-server openssh-clients -y
```

显示结果如下：

```
Installed:
openssh-clients.x86_64 0:7.4p1-21.el7   openssh-server.x86_64 0:7.4p1-21.el7
Dependency Installed:
fipscheck.x86_64 0:1.4.1-6.el7          fipscheck-lib.x86_64 0:1.4.1-6.el7
libedit.x86_64 0:3.0-12.20121213cvs.el7  openssh.x86_64 0:7.4p1-21.el7
tcp_wrappers-libs.x86_64 0:7.6-77.el7
```

（4）生成 SSH 服务文件

通过 ssh-keygen 生成 host key 文件。

```
[root@70509559056b /]# sshd-keygen
```

显示结果如下：

```
/usr/sbin/sshd-keygen: line 10: /etc/rc.d/init.d/functions: No such file or directory
Generating SSH2 RSA host key: /usr/sbin/sshd-keygen: line 63: success: command not found
Generating SSH2 ECDSA host key: /usr/sbin/sshd-keygen: line 105: success: command not found
Generating SSH2 ED25519 host key: /usr/sbin/sshd-keygen: line 126: success: command not found
```

（5）设置 root 用户密码

因为登录 SSH 服务需要使用用户和密码，所以需要设置 root 用户的访问密码。

```
[root@70509559056b /]# passwd root
Changing password for user root.
New password:
BAD PASSWORD: The password is a palindrome
Retype new password:
```

设置 root 用户的密码是 1。

（6）运行 SSH 服务

```
[root@70509559056b /]# /usr/sbin/sshd -D
```

运行 SSH 服务的文件是/usr/sbin/sshd，注意在运行时一定要加上参数-D，以非后台守护进程的方式运行服务器。这是因为容器运行后一定要有非后台运行的进程，否则容器就退出了，初学者往往在这里容易犯错。

（7）宿主机访问 SSH 服务

保持会话状态，复制一个终端会话，在宿主机中访问容器的 SSH 服务。

```
[root@localhost /]# docker inspect 70
```

通过检查容器，发现容器的 IP 地址是 "IPAddress": "172.17.0.2"。

```
[root@localhost /]# ssh root@172.17.0.2
```

显示结果如下：

```
The authenticity of host '172.17.0.2 (172.17.0.2)' can't be established.
ECDSA key fingerprint is SHA256:UpnXxJw9kT+2oigGssEVEiEvGbS7rvBXxfkZz3zLeYo.
ECDSA key fingerprint is MD5:5d:e1:5e:12:82:ef:2f:37:04:c5:52:e3:d1:a1:e2:85.
Are you sure you want to continue connecting (yes/no)? yes
Warning: Permanently added '172.17.0.2' (ECDSA) to the list of known hosts.
root@172.17.0.2's password:
```

在宿主机上使用 ssh root@172.17.0.2 访问容器的 SSH 服务，发现已经可以登录到容器了。

4．将容器制作成镜像

通过 docker commit 方法，可以将安装了 SSH 服务的容器打包成一个镜像。此时保持原来的会话状态，在新的会话中查看容器。

```
[root@localhost /]# docker ps -a
CONTAINER ID   IMAGE   COMMAND       CREATED          STATUS         PORTS    NAMES
70509559056b   865     "/bin/bash"   43 minutes ago   Up 43 minutes           centos7
```

使用 docker commit 命令将 70509559056b 打包成镜像，镜像名称为 centos_ssh:v1。

```
[root@localhost /]# docker commit 70509559056b centos_ssh:v1
sha256:dbe6ee6c00dc7c4f35095afe519c08631eb193eb59252bce59bad67d63813ba2
```

查看打包后的镜像，发现已经生成 centos_ssh:v1 镜像。

```
[root@localhost /]# docker images
REPOSITORY     TAG    IMAGE ID       CREATED          SIZE
centos_ssh     v1     dbe6ee6c00dc   11 seconds ago   303MB
```

5．测试 SSH 服务镜像

（1）启动容器

镜像制作完成后，需要测试一下是否可以正常使用，首先使用 docker run 运行这个镜像。

```
[root@localhost ~]# docker run --name=ssh -d -p 23:22 centos_ssh:v1 /usr/sbin/sshd -D
a7e85b1a3190e2ba2aa66b65972c49f5e3d6c9ef1912309b24f904d729a7500e
```

在运行镜像创建容器时，映射了 SSH 服务的 22 端口给宿主机的 23 端口，运行容器时需要加上/usr/sbin/sshd -D，告诉容器运行时执行的程序，否则 SSH 服务不能启动，容器也就退出了。

```
[root@localhost ~]# docker ps -a
CONTAINER ID   IMAGE          COMMAND            CREATED        STATUS      PORTS               NAMES
a7e85b1a3190   centos_ssh:v1  "/usr/sbin/sshd -D"  6 seconds ago  Up 6 seconds  0.0.0.0:23->22/tcp  ssh
```

（2）测试容器

在 Windows 中启用 Xshell 终端，输入连接的名称，主机名是宿主机的 IP 地址，端口号是映射到宿主机的 23，如图 4-1 所示。

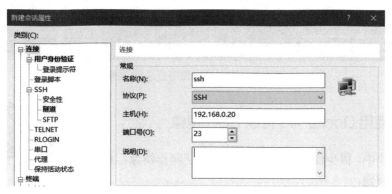

图 4-1　登录容器 SSH 服务

在用户对话框中输入用户名 root，如图 4-2 所示。

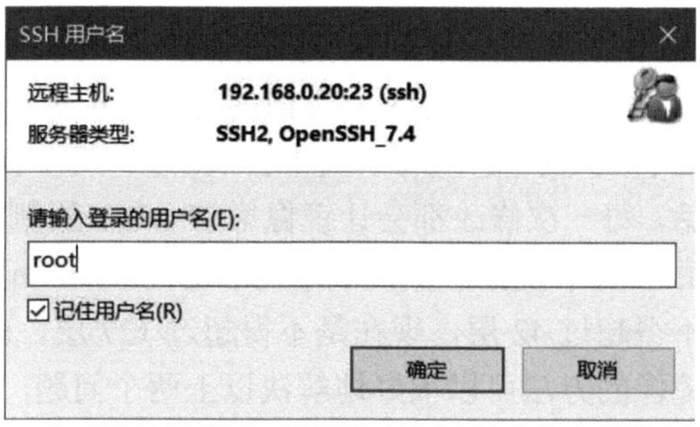

图 4-2　输入用户名 root

在输入密码框中输入密码 1，如图 4-3 所示。

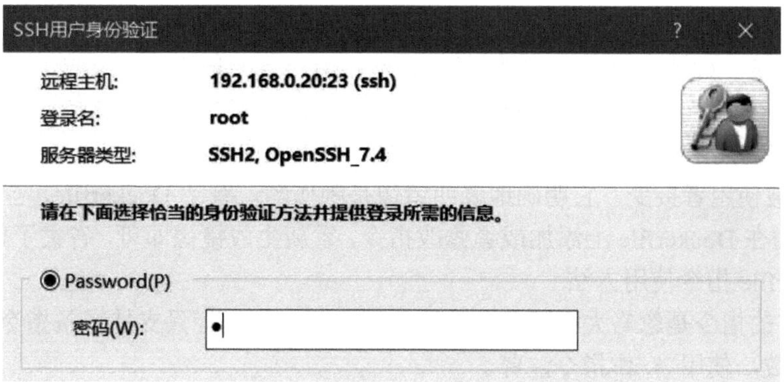

图 4-3　输入 root 用户密码

确定后就可以通过 SSH 服务登录到容器了，如图 4-4 所示。

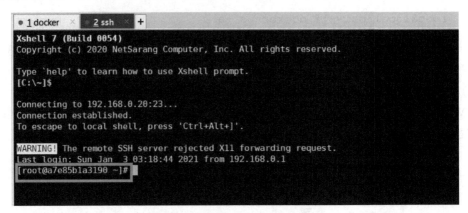

图 4-4　通过 SSH 服务登录到容器

4.1.2　使用 Dockerfile 构建 SSH 镜像

4-2
使用 Dockerfile
构建 SSH 镜像

在实际工作中，很少使用 docker commit 方法制作镜像，因为这种方法有两个问题。

一是使用 docker commit 意味着所有对镜像的操作都是暗箱操作，生成的镜像也被称为黑箱镜像，换句话说，就是除了制作镜像的人知道执行过什么命令、怎么生成的镜像，别人根本无从得知。而且，即使是这个制作镜像的人，过一段时间后也不记得具体的操作，这种黑箱镜像的维护工作是非常痛苦的。

二是镜像所使用的分层存储，除当前层外，之前的每一层都是不会发生改变的，任何修改的结果仅仅是在当前层进行标记、添加、修改，而不会改动上一层。如果使用 docker commit 制作镜像，以及后期修改的话，每一次修改都会让镜像增加一层，所删除的上一层的东西并不会丢失，会一直如影随形地跟着这个镜像，即使根本无法访问。Union FS 是有最大层数限制的，比如 AUFS，曾经是最大不得超过 42 层，现在是不得超过 127 层。就是 commit 最多 127 次。

使用 Dockerfile 制作镜像的方法可以很好地解决以上两个问题，所以在实际工作中，一般都是编写 Dockerfile 制作镜像。

4.1.2.1　Dockerfile 技术

1. Dockerfile 简介

Dockerfile 是一种被 Docker 程序解释的脚本，由一条一条的指令组成，Docker 程序将这些 Dockerfile 指令翻译成真正的 Linux 命令。Dockerfile 有书写格式和支持的命令。Docker 程序读取 Dockerfile 后，根据指令生成定制的镜像，相比镜像这种黑盒子，Dockerfile 一系列指令脚本更容易被使用者接受，它明确地表明镜像是制作的。有了 Dockerfile，当需要定制额外的需求时，只需在 Dockerfile 上添加或者修改指令，重新生成镜像即可，省去了敲命令的麻烦。

2. Dockerfile 指令使用方法

Dockerfile 的指令是忽略大小写的，建议使用大写，每一行只支持一条指令，每条指令可以携带多个参数，使用 # 作指令注释。

Dockerfile 指令根据作用可以分为两种：构建指令和设置指令。构建指令用于构建镜像，其指定的操作不会在运行镜像的容器上执行，设置指令用于设置镜像属性，其指定的操作将在运行镜像的容器中执行。

(1) FROM（指定基础镜像）

FROM 构建指令，必须指定且需要在 Dockerfile 其他指令前面，后续的指令都依赖于该指定镜像，FROM 指令指定的基础镜像可以是官方远程仓库中的，也可以位于本地仓库。

该指令有如下两种格式。

1) FROM <镜像>：指定基础镜像为该镜像的最新版本。

2) FROM <image>:<tag>：指定基础镜像为该镜像的一个 tag 版本。

(2) MAINTAINER

MAINTAINER 构建指令，指定镜像创建者信息，将制作者相关的信息写入到镜像中。当对该镜像执行 docker inspect 命令时，输出中有相应的字段记录该信息。

格式：MAINTAINER < >

(3) RUN

RUN 构建指令，RUN 可以运行任何基础镜像支持的命令。如基础镜像选择了 CentOS，那么只能使用 RUN 运行 CentOS 的命令。

RUN 指令有如下两种格式。

1) shell 脚本执行格式：

```
RUN <命令>
```

在 shell 终端执行命令，在 Linux 中 Shell 终端默认为/bin/sh -c。

2) 执行文件执行格式：

```
RUN ["executable", "param1", "param2" ... ]
```

例如，RUN ["bin/bash", "-c", "echo hello"]，该方式会被转成 JSON 数组。

(4) EXPOSE

EXPOSE 设置指令，该指令会将容器中的端口映射成宿主机器中某个端口。当需要访问容器的时候，可以使用宿主机器的 IP 地址和映射后的端口访问容器应用，要完成整个操作需要两个步骤，首先在 Dockerfile 使用 EXPOSE 设置需要映射的容器端口，然后在运行容器的时候指定-p 选项加上宿主机端口和 EXPOSE 设置的端口。EXPOSE 指令可以一次设置多个端口号，相应运行容器的时候，可以多次使用-p 选项，端口映射是 Docker 比较重要的一个功能，因为每次运行容器时，IP 地址是在桥接网卡的地址范围内随机生成的，宿主机的 IP 地址是固定的，可以将容器的端口映射到宿主机上的一个端口，然后访问宿主机的某个端口访问容器应用。

映射一个端口：EXPOSE 端口 1

映射多个端口：EXPOSE 端口 1 端口 2 端口 3

运行容器时使用的相应命令：

```
docker run -p 端口1 -p 端口2 -p 端口3
```

(5) ENV

ENV 构建指令，在镜像中设置一个环境变量。

格式：

```
ENV <key> <value>
```

设置后，后续的 RUN 命令都可以使用，容器启动后，可以通过 docker inspect 查看这个环境变量，也可以通过在运行 docker run --env key=value 时设置或修改环境变量。

（6）ADD

ADD 构建指令可以从 src 路径复制文件到容器的 dest 路径。

格式：ADD <src> <dest>

<src>是被构建的源目录的相对路径，可以是文件或目录的路径，也可以是一个远程的文件 url。

<dest>是容器中的绝对路径。

ADD 指令使用需要注意以下几点。

1）如果源路径是个文件，并且目标路径是以 / 结尾，则 Docker 会把目标路径当作一个目录，把源文件复制到该目录下。如果目标路径不存在，则会自动创建目标路径。

2）如果源路径是个文件，且目标路径不是以 / 结尾，则 Docker 会把目标路径当作一个文件。如果目标路径不存在，会以目标路径为名创建一个文件，内容同源文件；如果目标文件是个存在的文件，会用源文件覆盖它，当然只是内容覆盖，文件名还是目标文件名。如果目标文件实际是个存在的目录，则源文件会复制到该目录下，这种情况下，最好显式地以 / 结尾，避免混淆。

3）如果源路径是个目录，且目标路径不存在，则 Docker 会自动以目标路径创建一个目录，把源路径目录下所有内容复制进来，如果目标路径是个已经存在的目录，则 Docker 会把源路径目录下的文件复制到该目录下。

4）如果源文件是个归档文件（压缩文件），则 Docker 会自动将其解压。

（7）COPY 指令

COPY 指令同样能够将主机本地的文件或目录复制到镜像文件系统。

exec 格式用法（推荐，特别适合路径中带有空格的情况）：

```
COPY ["<src>",... "<dest>"]
```

shell 格式用法：

```
COPY <src>... <dest>
```

COPY 指令和 ADD 指令的区别在于是否支持从远程 URL 获取资源。COPY 指令只能从所在的主机上读取资源并复制到镜像中，而 ADD 指令还支持通过 URL 从远程服务器读取资源并复制到镜像中，ADD 还能够实现复制时解压缩文件。

（8）VOLUME（指定挂载点）

VOLUME 设置指令，使容器中的一个目录具有持久化存储数据的功能，容器使用的是 AUFS 系统不能持久化数据，当容器关闭后，所有的更改都会丢失。当容器中的应用有持久化数据的需求时，可以在 Dockerfile 中使用该指令。

格式：VOLUME ["<mountpoint>"]

```
FROM base
VOLUME ["/tmp"]
```

运行镜像后，在容器关闭后，/tmp 目录中的数据持久化到宿主机中。

（9）WORKDIR（切换目录）

WORKDIR 设置指令，可以切换目录（相当于 cd 命令），对 RUN,CMD,ENTRYPOINT 生效。

格式：WORKDIR /path

```
在 /a 下执行 vim abc.txt
WORKDIR /a   RUN vim abc.txt
```

（10）CMD

CMD 设置指令，用于设置容器启动时指定的操作。该操作可以是执行自定义脚本，也可以是执行系统命令。该指令只能在文件中存在一次，如果有多个，则只执行最后一个。

该指令有三种格式。

1）CMD ["executable","param1","param2"]：使用 exec 执行，推荐方式。

2）CMD command param1 param2：在 /bin/sh 中执行，提供给需要交互的应用。

3）CMD ["param1","param2"]：当 Dockerfile 指定了 ENTRYPOINT，那么使用该格式。

这种格式是作为 ENTRYPOINT 命令的参数，param1 和 param2 作为参数执行，如果 CMD 指令使用上面的形式，那么 Dockerfile 中必须有相关的 ENTRYPOINT。

（11）ENTRYPOINT

ENTRYPOINT 设置指令，指定容器启动时执行的命令，可以多次设置，但是只有最后一个有效，有如下两种格式。

```
ENTRYPOINT ["executable", "param1", "param2"]
ENTRYPOINT command param1 param2
```

该指令的使用分为两种情况，一种是独立使用，另一种和 CMD 指令配合使用。当独立使用时，如果还使用了 CMD 可执行命令，那么 CMD 指令和 ENTRYPOINT 指令会互相覆盖，只有最后一个 CMD 或 ENTRYPOINT 指令有效。

如以下两行命令，CMD 指令不会被执行，只执行 ENTRYPOINT 指令。

```
CMD echo "How Are You!"
ENTRYPOINT ls -l
```

另一种用法是 CMD 指定 ENTRYPOINT 命令的参数，这时 CMD 指令内容不是一个完整的可执行命令，仅仅是参数部分，以下内容执行的命令是 tail -f /etc/passwd。

```
FROM centos
ENTRYPOINT ["tail"]
CMD ["-f","/etc/passwd"]
```

（12）USER

USER 设置指令，设置启动容器的用户，默认是 root 用户。

指定 SSH 服务的运行用户。

```
ENTRYPOINT ["/usr/sbin/sshd"]
USER daemon
```

（13）ONBUILD（在子镜像中执行）

格式：ONBUILD <Dockerfile 关键字>

ONBUILD 指定的命令在构建镜像时并不执行，而是在它的子镜像中执行。

4.1.2.2 使用 Dockerfile 制作 SSH 服务镜像

下面根据 Dockerfile 的指令方法编写一个 SSH 镜像。

1. 下载 centos:7 镜像

```
[root@localhost ~]# docker pull centos:7
```

2. 创建 ssh 目录，建立 Dockerfile 文件

```
[root@localhost ~]# mkdir ssh
[root@localhost ~]# cd ssh
[root@localhost ssh]# vim Dockerfile
```

文件名称一般是 Dockerfile。如果使用其他名称，则构建镜像时需要指定文件名称。在打开的文件中，输入以下 Dockerfile 指令。

```
FROM centos:7
#安装 ssh 服务，生成必备文件，设置 root 密码
RUN yum install openssh-server openssh-clients -y && sshd-keygen && \
echo "1" | passwd --stdin root
#暴露 22 端口
EXPOSE 22
#设置容器启动时运行命令
CMD ["/usr/sbin/sshd","-D"]
```

这里#是作为注释使用，在 RUN 的后面，执行了三条命令，这里使用&&连接，如果换行使用\连接，要避免书写 3 个 RUN 指令，因为每一条指令都会形成一个镜像层，这样做可以减少镜像的层数。使用 EXPOSE 将容器运行后的 22 端口，即 SSH 服务端口暴露出去，在 Dockerfile 的最后，使用 CMD 指令运行 ssh 服务，使用[""，""]格式，将命令和选项分别写在不同的双引号中。

3. 基于 Dockerfile 文件构建镜像

```
[root@localhost ssh]# docker build -t ssh:v1 .
```

结果如下：

```
Step 1/4 : FROM centos:7
 ---> 8652b9f0cb4c
Step 2/4 : RUN yum install openssh-server openssh-clients -y && sshd-keygen
&& echo "1" | passwd --stdin root
 ---> Running in c5b230a81897
Step 3/4 : EXPOSE 22
 ---> Running in d3f095de41b8
Removing intermediate container d3f095de41b8
 ---> dbaa62ab4809
Step 4/4 : CMD ["/usr/sbin/sshd","-D"]
 ---> Running in bb09ff4869f6
Removing intermediate container bb09ff4869f6
 ---> 89533b1f4f32
Successfully built 89533b1f4f32
Successfully tagged ssh:v1
```

通过简要的构建过程，发现 docker build 使用 Dockerfile 中的指令，经过 Step 1/4、Step 2/4、Step 3/4、Step 4/4 四个步骤成功地构建了一个名称为 ssh:v1 的镜像。

其中-t 指定镜像的名称，使用 . 指明当前目录是上下文路径，Docker 引擎就在当前目录使用 Dockerfile 文件指令构建镜像，如果文件名称不是 Dockerfile，或者文件在其他路径下，需要使用-f 选项指定文件的路径名称。建议初学者使用这个名称，并放到当前目录中。

这里的 . 有了一个镜像构建上下文的概念，当构建镜像的时候，由用户指定构建镜像的上下文路径，而 docker build 会将这个路径下所有的文件都打包上传给 Docker 引擎，引擎将这些内容展开后，就能获取指定上下文路径中的所有文件了。

比如在 Dockerfile 中的 copy ./1.repo /project，复制的并不是本机目录下的 1.repo 文件，而是 Docker 引擎中展开的构建上下文中的文件，所以如果复制的文件超出了构建上下文的范围，那么 Docker 引擎是找不到那些文件的。

4．运行镜像

使用通过 Dockerfile 创建的镜像 sshv1 运行容器 sshv1，映射容器的 22 端口给宿主机的 24 端口。

```
[root@localhost ssh]# docker run --name=sshv1 -d -p 24:22 895
[root@localhost ssh]# docker run --name=sshv1 -d -p 24:22 ssh:v1
78f2c8dfa07adeb3ece10510736e0e2cefe748888313e4c9a78ae7e5d428bfc1
```

5．测试

在 Windows 中开启 Xshell 软件，新建连接，如图 4-5 所示。

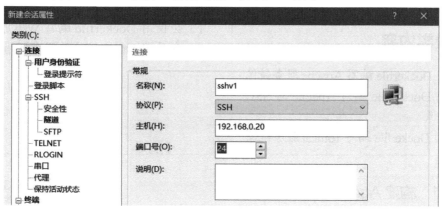

图 4-5　通过 SSH 服务登录到 sshv1 容器

单击连接，输入用户名 root 和密码 1，发现已经登录到 sshv1 容器了，如图 4-6 所示。

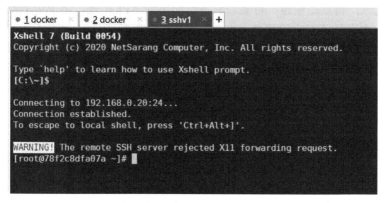

图 4-6　成功登录到 sshv1 容器

任务拓展训练

1）使用 centos7 基础镜像，使用 docker commit 方法构建一个常用 YUM 源镜像，将 YUM 源配置成 centos7 的阿里云的镜像和 163 镜像。

2）使用 centos7 基础镜像，使用 Dockerfile 方法构建一个常用 YUM 源镜像，将 YUM 源配置成 CentOS 的阿里云的镜像和 163 镜像。

▶任务 4.2 构建 Web 服务镜像

学习情境

　　Web 网站是互联网上使用最多的应用，如果要运行 Web 应用，需要有 Web 服务的支持。技术主管要求你使用 Dockerfile 构建常用的 Web 服务镜像，熟练使用 Dockerfile 的常用指令。

教学内容

　　1）使用 Dockerfile 编写 Apache 服务镜像
　　2）使用 Dockerfile 编写 Apache 与 SSH 多服务镜像
　　3）使用 Dockerfile 编写 Tomcat 服务镜像

教学目标

知识目标：
1）掌握 ENV、VOLUME、WORKDIR 指令的用法
2）掌握使用 Dockerfile 编写多服务的方法
能力目标：
1）会使用 Dockerfile 编写 Web 服务镜像
2）会使用 Dockerfile 编写多服务镜像

4.2.1 构建 Apache 服务镜像

4-3
构建 Apache
服务镜像

　　Apache 是世界上使用排名第一的 Web 服务器软件，可以运行在几乎所有广泛使用的计算机平台上，由于其跨平台和安全性被广泛使用，是最流行的 Web 服务器端软件之一，特点是快速、可靠。它通过简单的 API 扩充，将 Perl/Python 等解释器集成到服务器中。本次任务就来编写 Dockerfile 制作这个服务。

4.2.1.1 使用 Dockerfile 制作 Apache 服务镜像

1. 下载 centos:7 镜像

```
[root@localhost ~]# docker pull centos:7
```

2. 编写 Apache 服务 Dockerfile

```
[root@localhost ~]# mdkir httpd
[root@localhost ~]# cd httpd
[root@localhost httpd]# vim Dockerfile
```

首先建立 httpd 目录，然后在该目录中，建立 Dockerfile 文件，在打开的 Dockerfile 文件中，输入如下 Dockerfile 指令。

```
#基于centos:7 基础镜像
FROM centos:7
#安装 httpd 服务
RUN  yum install httpd -y
#将/var/www/html 目录持久化
VOLUME ["/var/www/html"]
#暴露容器的 80 端口
EXPOSE 80
#启动容器时，前台运行 httpd 服务
CMD ["/usr/sbin/httpd","-DFOREGROUND"]
```

这里在第 6 行使用了 VOLUME 指令，当容器运行时，可以将 Apache 服务的默认目录持久化到宿主机，另外暴露了容器的服务端口 80。需要注意，当容器启动时，同样需要把 Apache 服务运行在前台，CMD 指令中"/usr/sbin/httpd"是服务的路径名称，-DFOREGROUND 选项指定该服务运行在前台。

3．基于 Dockerfile 制作 Apache 镜像

```
[root@localhost httpd]# docker build -t httpd:v1 .
```

结果如下：

```
Sending build context to Docker daemon  2.048kB
Step 1/5 : FROM centos:7
 ---> 8652b9f0cb4c
Step 2/5 : RUN  yum install httpd -y
 ---> Running in b5026bd83c87
Loaded plugins: fastestmirror, ovl
Installed:
  httpd.x86_64 0:2.4.6-97.el7.centos
Dependency Installed:
  apr.x86_64 0:1.4.8-7.el7
  apr-util.x86_64 0:1.5.2-6.el7
  centos-logos.noarch 0:70.0.6-3.el7.centos
  httpd-tools.x86_64 0:2.4.6-97.el7.centos
  mailcap.noarch 0:2.1.41-2.el7
Complete!
Removing intermediate container b5026bd83c87
 ---> c35bcf8acfd6
Step 3/5 : VOLUME ["/var/www/html"]
 ---> Running in 5dadd26bcc69
Removing intermediate container 5dadd26bcc69
 ---> 6c1e60cf17d3
Step 4/5 : EXPOSE 80
 ---> Running in 5b7d60026bb6
Removing intermediate container 5b7d60026bb6
 ---> 552839891878
Step 5/5 : CMD ["/usr/sbin/httpd","-DFOREGROUND"]
 ---> Running in 1692aa15582b
Removing intermediate container 1692aa15582b
```

```
---> 2843ce643f72
Successfully built 2843ce643f72
Successfully tagged httpd:v1
```

以上分五步操作完成了 httpd:v1 镜像的制作，如果在制作过程中出现 Could not retrieve mirrorlist 源配置错误，使用 systemctl restart docker 命令重启一下 Docker 服务，再重新构建就可以了。

4．运行 httpd:v1 镜像

```
[root@localhost httpd]# docker run --name=httpd -d -p 80:80 httpd:v1
dfe665b614d180af7113bd68a7ed51b86af1ee5c9264e10e17f82bb4ac49f831
```

使用 docker run 运行 httpd:v1 镜像，启动了名称为 httpd 的容器。

5．访问 httpd 容器

访问宿主机的 80 端口，结果如图 4-7 所示。

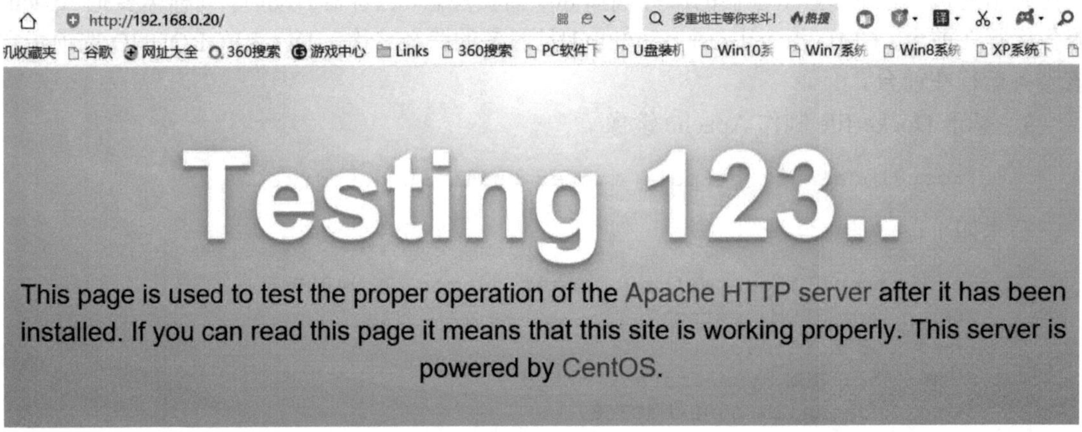

图 4-7 成功访问 httpd 容器

6．测试持久化

首先查看容器的详细信息，找到挂载信息。

```
[root@localhost httpd]# docker inspect dfe
```

挂载结果如下：

```
"Mounts": [
    {
        "Type": "volume",
        "Name": "ae846246ceb2907974b91b2d7bbab47f6f0bc73f46d24eb96ec1be78c1e62520",
        "Source": "/var/lib/docker/volumes/ae846246ceb2907974b91b2d7bbab47f6f0bc73f46d24eb96ec1be78c1e62520/_data",
        "Destination": "/var/www/html",
        "Driver": "local",
        "Mode": "",
        "RW": true,
        "Propagation": ""
    }
],
```

在 Mounts 信息处，发现 "Destination": "/var/www/html"，容器的/var/www/html 目录被持久化到了/var/lib/docker/volumes/ae846246ceb2907974b91b2d7bbab47f6f0bc73f46d24eb96ec1be78c1e62520/_data 目录。

在容器的/var/www/html 目录中建立文件 index.html，然后关闭容器。

```
[root@localhost httpd]# docker exec -it dfe /bin/bash
[root@dfe665b614d1 /]# cd /var/www/html
[root@dfe665b614d1 html]# echo hello > index.html
[root@localhost httpd]# docker stop dfe
```

在宿主机的持久化目录中查看，发现 index.html 已经被持久化到该目录了。

```
[root@localhost httpd]# cd /var/lib/docker/volumes/ae846246ceb2907974b91b2d7bbab47f6f0bc73f46d24eb96ec1be78c1e62520/_data
[root@localhost _data]# ls
index.html
[root@localhost _data]# cat index.html
hello
```

以上通过编写 Dockerfile 制作了 Apache 服务镜像，如果需要修改镜像，只需要打开 Dockerfile 文件修改，重新构建镜像就可以了。

4.2.1.2　使用 Dockerfile 制作 Apache 和 SSH 多服务镜像

在一个 Dockerfile 中，当存在多个 CMD 指令或 ENTRYPOINT 指令时，只有最后一个生效，这样就没有办法使用 CMD 或者 ENTRYPOINT 指令运行多个服务，通常的做法是把这些服务都写在一个 Shell 脚本中，然后在 Dockerfile 中使用 CMD 或者 ENTRYPOINT 指令运行这个脚本就可以了。

1．编写 Dockerfile 制作

首先建立 httpdssh 目录，然后在目录中建立文件 Dockerfile。

```
[root@localhost ~]# mkdir httpdssh
[root@localhost ~]# cd httpdssh/
[root@localhost httpdssh]# vim Dockerfile
```

在 Dockerfile 文件中，输入以下 Dockerfile 指令。

```
#使用centos:7基础镜像
 FROM centos:7
#定义环境变量PASS
 ENV PASS=1
#安装Apache和SSH服务，生成SSH服务文件，设置root用户密码
 RUN yum install httpd openssh-server openssh-clients -y && \
 sshd-keygen && \
 echo $PASS | passwd --stdin root
#将当前路径的shell脚本run.sh添加到容器根目录中
 ADD run.sh /run.sh
#暴露httpd和SSH服务端口
 EXPOSE 80 22
```

```
#容器启动时，运行 run.sh 脚本
CMD ["/bin/bash","/run.sh"]
```

这里使用了两个新的 Dockerfile 指令，第一个是第 4 行的 ENV，指定了容器的环境变量 PASS，赋值为 1，当启动容器时，可以修改这个环境变量的值。第二个是第 10 行的 ADD 指令，该指令把当前目录下的 run.sh 脚本添加到容器的根目录中，名称为 run.sh，也可以修改这个文件的名称。

在第 14 行的 CMD 指令中，使用 /bin/bash 这个 shell 运行了 run.sh 脚本，run.sh 脚本用来运行 httpd 服务和 ssh 服务。

2. 编写 run.sh 脚本

首先在当前目录下建立文件 run.sh。

```
[root@localhost httpdssh]# vim run.sh
```

然后在文件中输入以下 shell 脚本命令。

```
#!/bin/bash
if [ -n $PASS ];then
    echo $PASS | passwd --stdin root
 fi
/usr/sbin/httpd
/usr/sbin/sshd -D
```

第 2~4 行判断用户是否在启动容器时，设置了 PASS 环境变量的值，如果没有设置则不执行，默认 root 用户的密码就是 Dockerfile 中设置的值 1。

第 5 行运行了 httpd 服务，第 6 行运行了 SSH 服务，只要容器中有一个应用在前台运行，容器就不会退出。

3. 使用 Dockerfile 构建 httpdssh 镜像

使用 docker build -t 构建 httpdssh:v1 镜像。

```
[root@localhost httpdssh]# docker build -t httpdssh:v1 .
```

结果如下：

```
Sending build context to Docker daemon  3.072kB
Step 1/6 : FROM centos:7
 ---> 8652b9f0cb4c
Step 2/6 : ENV PASS=1
 ---> Running in 564167ce1be1
Removing intermediate container 564167ce1be1
 ---> 91478eb17979
Step 3/6 : RUN yum install httpd openssh-server openssh-clients -y && sshd-keygen && echo $PASS | passwd --stdin root
 ---> Running in 0faf252d9cae
Installed:
  httpd.x86_64 0:2.4.6-97.el7.centos    openssh-clients.x86_64 0:7.4p1-21.el7
  openssh-server.x86_64 0:7.4p1-21.el7

Dependency Installed:
  apr.x86_64 0:1.4.8-7.el7
```

```
  apr-util.x86_64 0:1.5.2-6.el7
  centos-logos.noarch 0:70.0.6-3.el7.centos
  fipscheck.x86_64 0:1.4.1-6.el7
  fipscheck-lib.x86_64 0:1.4.1-6.el7
  httpd-tools.x86_64 0:2.4.6-97.el7.centos
  libedit.x86_64 0:3.0-12.20121213cvs.el7
  mailcap.noarch 0:2.1.41-2.el7
  openssh.x86_64 0:7.4p1-21.el7
  tcp_wrappers-libs.x86_64 0:7.6-77.el7
Complete!
Step 4/6 : ADD run.sh /run.sh
 ---> c11100c2866e
Step 5/6 : EXPOSE 80 22
 ---> Running in 101db521a23a
Removing intermediate container 101db521a23a
 ---> 88dbdc248547
Step 6/6 : CMD ["/bin/bash","/run.sh"]
 ---> Running in a5eef3f1c3b8
Removing intermediate container a5eef3f1c3b8
 ---> 065baeb6eea3
Successfully built 065baeb6eea3
Successfully tagged httpdssh:v1
```

通过 docker build 操作，经过 6 步成功地构建了 httpdssh:v1 镜像。

4. 运行 httpdssh:v1 镜像

通过 docker run 运行 httpd:v1 镜像，容器名称是 httpdssh，映射容器的 80 和 22 端口到宿主机的 80 和 23 端口。

```
[root@localhost ~]# docker run --name=httpdssh -d -p 80:80 -p 23:22 065
9616fab11678676653748947c2ef1128291eddcdd5c0b96f3dbc5546bebd9fa3
```

5. 测试 httpd 服务

在 Windows 中访问宿主机的 httpd 服务，结果如图 4-8 所示。

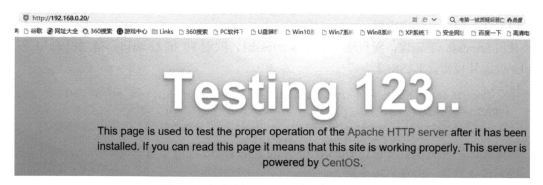

图 4-8　成功访问 httpdssh 容器的 httpd 服务

6. 测试 SSH 服务

在 Windows 中启动 Xshell 服务，新建连接如图 4-9 所示。

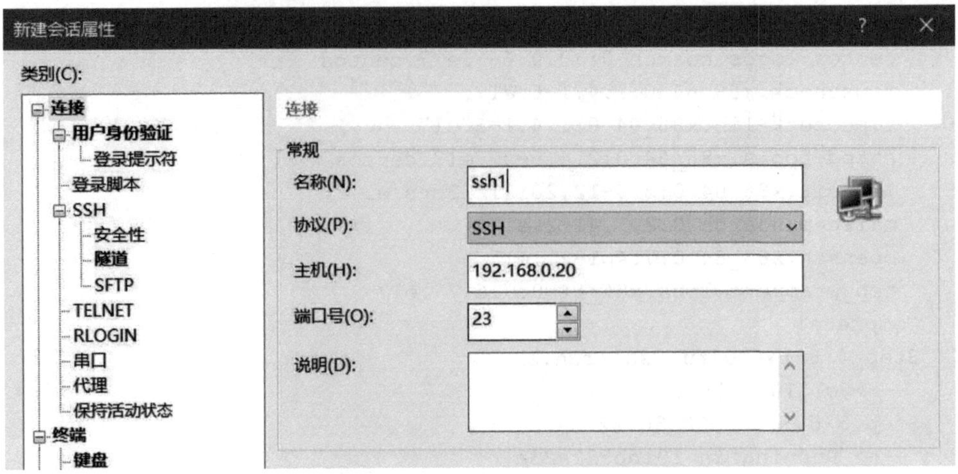

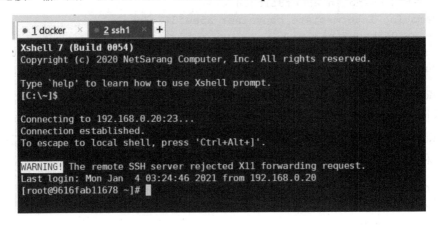

图 4-9　建立与 httpdssh 容器的连接

单击连接，输入用户名和密码后，成功连接到 httpdssh 容器，如图 4-10 所示。

图 4-10　成功连接到 httpdssh 容器

7．测试 ENV 环境变量

（1）运行镜像，创建容器

使用 httpdssh:v1 镜像，新启动一个容器 httpssh1，映射 80 和 22 端口到宿主机的 81 和 24 端口，设置环境变量 PASS=2。

```
[root@localhost ~]# docker run --name=httpdssh1 -d -p 81:80 -p 24:22 -e PASS=2 065
8ee9f6d0fb8d6cdad39d3d95e7749a5b7742f5572f1ce84215fa52bca18587b2
```

新增加的环境变量会覆盖在 Dockerfile 中设置的 PASS 环境变量的值。

（2）进入容器，检查环境变量

```
[root@localhost ~]# docker exec -it 8e /bin/bash
[root@8ee9f6d0fb8d /]# env
PASS=2
```

进入新建立的容器后，发现 PASS 环境变量设置了新值 2。

（3）测试 SSH 服务

本次在宿主机上使用 ssh 命令登录创建的容器。

```
[root@localhost ~]# ssh root@192.168.0.20 -p 24
The authenticity of host '[192.168.0.20]:24 ([192.168.0.20]:24)' can't be established.
ECDSA key fingerprint is SHA256:1Yw9vCRui7rHW4DsALkfjp1aZCMwQ8tPrG9RDYiIRL8.
ECDSA key fingerprint is MD5:2e:c9:f0:7c:46:c0:d4:45:45:c7:ab:73:b8:e6:cf:ff.
Are you sure you want to continue connecting (yes/no)? yes
Warning: Permanently added '[192.168.0.20]:24' (ECDSA) to the list of known hosts.
root@192.168.0.20's password:
```

在登录到容器时，提示是否继续，输入 yes，然后输入密码，发现本次需要输入密码 2 才能成功登录到新建立的 httpdssh1 容器。

4.2.2　构建 Tomcat 服务镜像

Tomcat 服务也是经常使用的 Web 服务之一，用来运行 Java 编写的 Web 应用，下面编写 Dockerfile 指令构建一个 Tomcat 的镜像。

1．上传 JDK 和 Tomcat 源程序

建立 tomcat 目录，进入目录后，使用 rz 上传 JDK 源程序和 Tomcat 源程序，如果想运行 Tomcat 服务，首先要安装 jdk 服务，因为 Tomcat 服务软件也是 Java 编写的，它要依赖 Java 的运行环境 jdk 服务，才能正常运行。

上传完成后，查看目录文件，发现两个文件都已经存在了。

```
[root@localhost tomcat]# ls
apache-tomcat-7.0.70.tar.gz  jdk-8u60-linux-x64.tar.gz
```

2．编写 Dockerfile 文件

```
#指定基础镜像
FROM centos:7
#更改路径
WORKDIR /usr/local
#建立 jdk 目录
RUN mkdir jdk
#把 JDK 压缩文件复制到 jdk 目录中
 ADD jdk-8u60-linux-x64.tar.gz /usr/local/jdk
#把 Tomcat 文件复制到/usr/local 目录中
ADD apache-tomcat-7.0.70.tar.gz /usr/local/
#做 tomcat 目录的软链接
RUN ln -s /usr/local/apache-tomcat-7.0.70 /usr/local/tomcat
#设置环境变量 JAVA_HOME
ENV JAVA_HOME=/usr/local/jdk/jdk1.8.0_60
#将 JAVA_HOME 路径添加到 PATH 环境变量
ENV PATH=$JAVA_HOME/bin:$PATH
#增加 Tomcat 启动脚本的执行权限
RUN chmod +x /usr/local/tomcat/bin/catalina.sh
```

```
#暴露 Tomcat 的默认服务端口
EXPOSE 8080
#启动容器时，执行 Tomcat 启动脚本文件
ENTRYPOINT ["/usr/local/tomcat/bin/catalina.sh","run"]
```

需要注意的是第 8 行和第 9 行，在复制文件的同时，将文件解压缩到指定路径目录，其中 jdk-8u60-linux-x64.tar.gz 文件解压缩后的目录名称是 jdk1.8.0_60。

安装 JDK 的方法就是把 jdk 目录添加到系统的 PATH 环境变量中，第 14 行定义了环境变量 JAVA_HOME，指向了 jdk 服务目录，然后在 16 行把这个服务目录添加到了系统的 PATH 环境变量中。

后边三行就是设置启动脚本的执行权限，暴露 Tomcat 的默认服务端口 8080，启动容器时，运行启动脚本。

3．基于 Dockerfile 文件构建 Tomcat 镜像

```
[root@localhost tomcat]# docker build -t tomcat:v1 .
```

结果如下：

```
Sending build context to Docker daemon   375.4MB
Step 1/11 : FROM centos:7
 ---> 8652b9f0cb4c
Step 2/11 : WORKDIR /usr/local
 ---> Running in 4d3294b494d3
Removing intermediate container 4d3294b494d3
 ---> bc2596ec301e
Step 3/11 : RUN mkdir jdk
 ---> Running in 852b36a7b7da
Removing intermediate container 852b36a7b7da
 ---> e544d987f5a0
Step 4/11 : ADD jdk-8u60-linux-x64.tar.gz /usr/local/jdk
 ---> c727d7ec610e
Step 5/11 : ADD apache-tomcat-7.0.70.tar.gz /usr/local/
 ---> 73f7f8ee5e86
Step 6/11 : RUN ln -s /usr/local/apache-tomcat-7.0.70 /usr/local/tomcat
 ---> Running in 4206d445544e
Removing intermediate container 4206d445544e
 ---> 13f7c7f5aa41
Step 7/11 : ENV JAVA_HOME=/usr/local/jdk/jdk1.8.0_60
 ---> Running in 53b223120896
Removing intermediate container 53b223120896
 ---> 144538158458
Step 8/11 : ENV PATH=$JAVA_HOME/bin:$PATH
 ---> Running in 1bc2d221d563
Removing intermediate container 1bc2d221d563
 ---> d7cbeb78df2e
Step 9/11 : RUN chmod +x /usr/local/tomcat/bin/catalina.sh
 ---> Running in 41ad1b850e89
Removing intermediate container 41ad1b850e89
 ---> 10e14de32965
Step 10/11 : EXPOSE 8080
 ---> Running in 8ae8bee061bc
```

```
Removing intermediate container 8ae8bee061bc
 ---> e3d319ba020d
Step 11/11 : ENTRYPOINT ["/usr/local/tomcat/bin/catalina.sh","run"]
 ---> Running in a8d2b1905e75
Removing intermediate container a8d2b1905e75
 ---> 7362e1bbaa80
Successfully built 7362e1bbaa80
Successfully tagged tomcat:v1
```

使用 docker build，经过 11 个步骤，成功构建了 tomcat:v1 镜像。

4．运行 Tomcat 镜像

```
[root@localhost tomcat]# docker run --name=tomcat -d -p 8080:8080 736
cb3cad83e738bd517c704f905d307c8d53e3af31d9016405f540da7346f494ac
```

使用 docker run 命令启动了 tomcat:v1 镜像，容器名称为 tomcat。

5．测试 Tomcat 服务

在 Windows 浏览器中，浏览宿主机的 8080 端口，可以成功地访问 Tomcat 服务的默认主页，如图 4-11 所示。

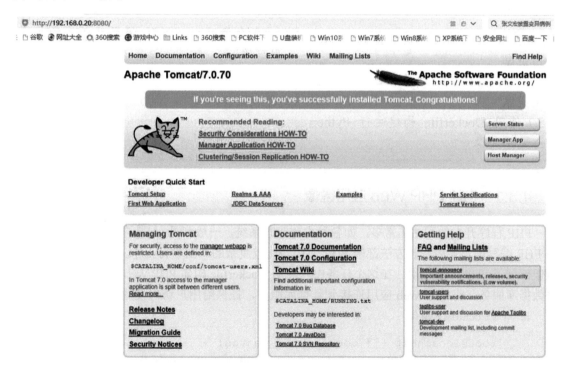

图 4-11　成功访问 tomcat 容器

任务拓展训练

1）在一台 Docker 宿主机上，编写 Dockerfile 文件，镜像中包括 httpd 服务和 Tomcat 服务。

2）在一台 Docker 宿主机上，编写 Dockerfile 文件，镜像中包括 SSH 服务和 Tomcat 服务。

任务 4.3 构建 Web 应用镜像

 学习情境

Web 应用是在 Web 服务的基础上，添加程序和数据库的应用，提供给用户一个可以使用的具体应用，如电子商务网站、企业办公系统等等。技术主管要求你构建最常见的 PHP Web 应用、Java Web 应用、Python Web 应用，并结合数据库程序，提供给用户使用。

教学内容

1）使用 Dockerfile 构建运行 PHP Web 应用镜像

2）使用 Dockerfile 构建运行 Java Web 应用镜像

3）使用 Dockerfile 构建运行 Python Web 应用镜像

 教学目标

知识目标：
1）掌握构建 PHP Web 应用的方法
2）掌握构建 Java 的 JAR 包程序方法
3）掌握初始化数据库数据的方法

能力目标：
1）会使用 Dockerfile 编写 PHP Web 应用镜像
2）会使用 Dockerfile 编写 Java Web 应用镜像
3）会使用 Dockerfile 编写 Python Web 应用镜像

4.3.1 构建 PHP Web 应用镜像

4-5 构建 PHP Web 应用镜像

PHP 程序开发的网站非常多，如各种内容管理系统，一般都是用 PHP 编写的。使用普通方法部署 PHP 应用是比较复杂的，在项目 1 中，使用下载的 Lamp 镜像部署了 PHP Web 应用。在这个任务中，使用 Dockerfile 构建 PHP Web 应用，然后单独部署数据库服务，将 PHP Web 应用连接到数据库服务，提供给用户访问使用。

1. 下载 centos:7 镜像

```
[root@localhost ~]# docker pull centos:7
```

2. 上传 dami 内容管理系统源程序

首先将 dami 源程序压缩成 zip 文件，上传到 Linux 系统后，再解压，操作如下：

```
[root@localhost ~]# mkdir phpcms
[root@localhost ~]# cd phpcms
[root@localhost phpweb]# rz
[root@localhost phpweb]# unzip dami.zip
[root@localhost phpweb]# ls
dami
```

首先建立 phpcms 目录，然后在目录中上传 dami 压缩包，使用 unzip 进行解压缩，得到 dami 源程序目录。

3. 编写 Dockerfile

```
[root@localhost phpweb]# vim Dockerfile
```

建立 Dockerfile 文件，在打开的 Dockerfile 文件中，输入 Dockerfile 指令，操作如下：

```
[root@localhost phpweb]# ls
dami
[root@localhost phpweb]# vim Dockerfile
#基础镜像是centos:7
FROM centos:7
#安装HTTPD和PHP，支持PHP与MySQL连接，安装图形支持组件php-gd
RUN  yum install httpd php php-mysql php-gd -y
#将dami源程序添加到默认网站路径下
ADD  dami /var/www/html
#将默认网站路径的权限设置成777，否则用户不能写入
RUN  chmod -R 777 /var/www/html
#持久化网站根目录
VOLUME /var/www/html
#暴露服务的80端口
EXPOSE 80
#启动容器时，将httpd程序运行在前台
CMD ["/usr/sbin/httpd","-DFOREGROUND"]
```

在第 7 行中，安装了 HTTPD 和 PHP，同时需要安装 PHP 连接数据库的组件 php-mysql，另外需要安装 php-gd 图形支持组件。安装完成后，使用 ADD 指令把 dami 源程序添加到网站默认的根目录/var/www/html。同样需要把 Apache 服务运行在前台，CMD 指令中"/usr/sbin/httpd"是服务的路径名称，-DFOREGROUND 选项指定该服务运行在前台。

4. 基于 Dockerfile 制作 PHP Web 应用镜像

```
[root@localhost phpweb]# docker build -t php_web:v1 .
```

结果如下：

```
Sending build context to Docker daemon  39.31MB
Step 1/7 : FROM centos:7
 ---> 8652b9f0cb4c
Step 2/7 : RUN  yum install httpd php php-mysql php-gd -y
---> Running in 555dbcba379d
Complete!
Removing intermediate container 555dbcba379d
 ---> 712b6f215980
Step 3/7 : ADD  dami /var/www/html
 ---> 1fd84b44bb59
Step 4/7 : RUN  chmod -R 777 /var/www/html
 ---> Running in 447adb058b08
Removing intermediate container 447adb058b08
    ---> ec802691aaaf
Step 5/7 : VOLUME /var/www/html
```

```
---> Running in 4a5edded2abd
Removing intermediate container 4a5edded2abd
---> 6960640846da
Step 6/7 : EXPOSE 80
 ---> Running in 1c718cd6c62e
Removing intermediate container 1c718cd6c62e
 ---> 54bc33b24ddc
Step 7/7 : CMD ["/usr/sbin/httpd","-DFOREGROUND"]
 ---> Running in 2ad607532049
Removing intermediate container 2ad607532049
---> 1870db00f52c
Successfully built 1870db00f52c
Successfully tagged php_web:v1
```

以上分七步操作完成了 php_web:v1 镜像的制作。

5．运行 php_web:v1 镜像

使用 docker run 命令运行 php_web:v1 镜像，启动了名称为 phpweb 的容器应用。

```
[root@localhost phpweb]# docker run --name=phpweb -d -p 80:80 php_web:v1
219908ca31c552f08d34548db641e662794acf1d9b8c502d3fb69d3ec4beea52
```

6．访问 phpweb 容器中的应用

（1）访问应用

访问宿主机的 80 端口，结果如图 4-12 所示。

图 4-12　成功访问 phpweb 容器中的应用

选择"我已经阅读并同意此协议"，单击"继续"按钮，显示环境检测页面，如图 4-13 所示。

图 4-13 应用程序环境检测

这里因为安装了 php-gd、php-mysql 组件，所以系统环境检测都已经通过，在目录权限检测中，因为设置了 /var/www/html 的权限，所以检测也通过了，单击"继续"按钮，进入数据库和管理员密码设置页面，如图 4-14 所示。这里需要数据库的支持。

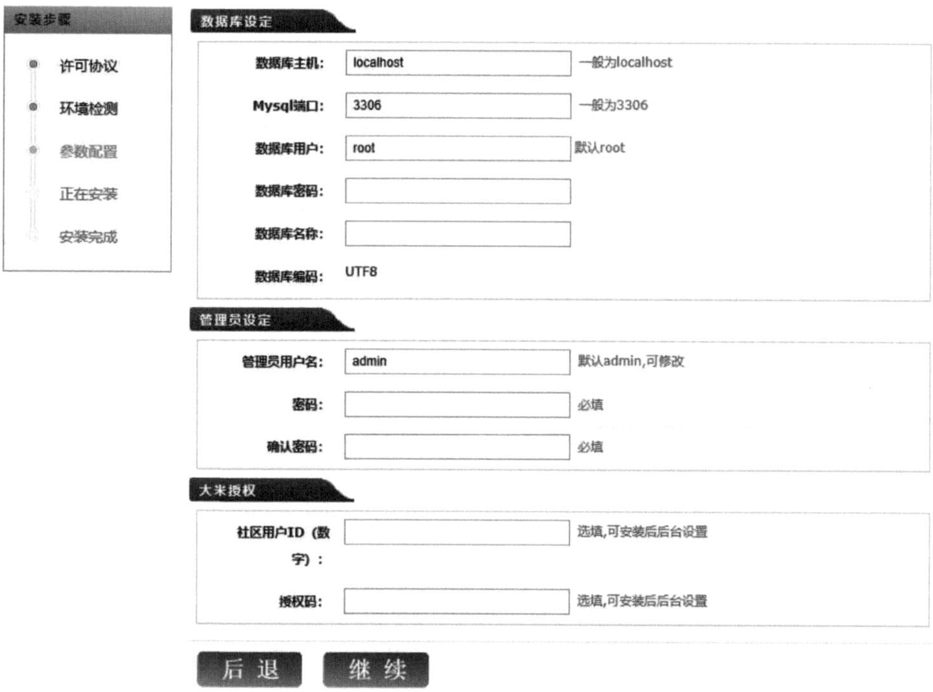

图 4-14 数据库和管理员密码设置

（2）启动数据库容器

在一般情况下，运维人员无须自己创建数据库的镜像，因为官方已经提供了比较好而且完成安装的数据库镜像。为了支持 phpweb 容器应用的运行，这里下载运行 mysql:5.7 镜像。

```
[root@localhost phpweb]# docker pull mysql:5.7
[root@localhost phpweb]# docker run --name=mysql -d -p 3306:3306 -e MYSQL_ROOT_PASSWORD=1 mysql:5.7
1af636b342c447d2a035d68f541ff9883184ec42e4b559fca9e8498de540a91c
```

这里使用 docker run 运行了 mysql:5.7 镜像，容器的名称是 mysql，将 MySQL 服务默认的 3306 端口映射给宿主机，同时使用-e MYSQL_ROOT_PASSWORD=1 设置数据库的密码是 1。

（3）重新运行 php_web 镜像

```
[root@localhost phpweb]# docker rm -f 21
21
[root@localhost phpweb]# docker run --name=phpweb -d -p 80:80 --link=mysql php_web:v1
a1ee4f4f2749897e05de60896b152c3717a9cb94f9dac6ae82aa5ca14b71724b
```

删除之前运行的 phpweb 容器，然后重新运行 php_web:v1，运行时，加入--link=mysql，--link 的作用在项目 3 中已经介绍过，目的是可以使用名称访问容器，同时共享容器的环境变量。

在 Windows 中使用浏览器重新访问 phpweb 容器，在数据库连接页面，输入数据库容器的名称 mysql，输入数据库的密码 1，发现已经连接成功，如图 4-15 所示。

图 4-15 成功连接数据库

设置数据库名称，填入管理员的密码，单击"继续"按钮，安装就成功了，如图 4-16 所示。

图 4-16 成功安装 dami 内容管理系统

再次使用浏览器访问宿主机，就可以进入应用的首页了，如图 4-17 所示。

图 4-17 成功访问 dami 内容管理系统首页

至此，已经成功地构建了 PHP Web 应用镜像，并成功访问了容器应用。

4.3.2 构建 Java Web 应用镜像

4-6
构建 Java Web
应用镜像

Java Web 应用同样是互联网上常见的 Web 应用，使用 Java 程序编写的 Web 程序更适合大型高并发的应用场景，多用在对安全性要求较高的应用场景下，比如银行应用、大型的电商应用等，下面使用 Dockerfile 构建一个 Java Web 应用镜像，同时连接数据库后，使用户可以正常访问应用。

1．上传源代码到指定目录

首先在/root 下建立两个目录 javaapp 和 db，把 Java 源程序和配置上传到 javaapp 下，把数据库的 SQL 文件上传到 db 目录下，操作如下：

```
[root@localhost ~]# mkdir javaapp db
[root@localhost ~]# cd javaapp/
[root@localhost javaapp]# ls
app.jar  application-dev.yml  application.yml
[root@localhost javaapp]# cd ../db
[root@localhost db]# ls
db.sql
```

在 javaapp 目录下是使用 Spring Boot 编写的源代码 app.jar 包和环境配置文件 application-dev.yml、application.yml，在 db 目录下是数据库的 SQL 文件。

2. 编写 Dockerfile 构建 Java Web 应用镜像

首先在 javaapp 目录下创建 Dockerfile 文件，打开文件，输入以下 Dockerfile 指令。

```
#指定基础镜像是 openjdk:8u222-jre
FROM openjdk:8u222-jre
#切换目录到/usr/local/app
WORKDIR /usr/local/app
#把应用程序 jar 包和两个配置文件都复制到/usr/local/app 下
ADD app.jar application.yml application-dev.yml ./
#暴露 80 端口
EXPOSE 80
#容器启动时运行 app.jar 程序
CMD ["java","-jar","app.jar"]
```

在第一行指定运行 Java Web 应用的基础镜像，然后切换到/uar/local/app 目录，将应用程序和配置文件都复制到该目录下，暴露服务的 80 端口，最后在容器启动时，使用 java -jar app.jar 运行 jar 包程序。

3. 基于 Dockerfile 构建 Java Web 应用镜像

```
[root@localhost javaapp]# docker build -t java_app:v1 .
```

结果如下：

```
Sending build context to Docker daemon  24.08MB
Step 1/5 : FROM openjdk:8u222-jre
 ---> 25073ded58d2
Step 2/5 : WORKDIR /usr/local/app
 ---> Using cache
 ---> d0af7c3dcb7f
Step 3/5 : ADD app.jar application.yml application-dev.yml ./
 ---> 1a687d4ac0d1
Step 4/5 : EXPOSE 80
 ---> Running in a2404f1b70b3
Removing intermediate container a2404f1b70b3
 ---> f7dfe2a1fb64
Step 5/5 : CMD ["java","-jar","app.jar"]
 ---> Running in 5feb05af8abd
Removing intermediate container 5feb05af8abd
 ---> 5b2ec3b47036
Successfully built 5b2ec3b47036
Successfully tagged java_app:v1
```

经过五个步骤成功地构建了 java_app:v1 镜像，这里可以提前下载基础镜像，也可以在构建的时候下载基础镜像。

4. 编写数据库 Dockerfile 文件

在/root/db 目录建立 Dockerfile 文件，在打开的 Dockerfile 中，输入以下内容。

```
#指定基础镜像是 mysql:5.7
FROM mysql:5.7
#把 db.sql 添加到数据库初始化目录
ADD db.sql /docker-entrypoint-initdb.d/
```

在第一行指定基础镜像是 mysql:5.7，然后把数据库的 SQL 文件复制到 docker-entrypoint-initdb.d 目录，这样容器运行时，就会自动运行 SQL 文件创建数据库。

5．基于 Dockerfile 构建数据库镜像

使用 docker build 命令，经过两个步骤成功地构建了 mysql:v1 数据库镜像。

```
[root@localhost db]# docker build -t mysql:v1 .
```

结果如下：

```
Sending build context to Docker daemon  36.46MB
Step 1/2 : FROM mysql:5.7
 ---> f07dfa83b528
Step 2/2 : ADD db.sql /docker-entrypoint-initdb.d/
 ---> 9601dbab2eaa
Successfully built 9601dbab2eaa
Successfully tagged mysql:v1
```

6．运行数据库镜像

```
[root@localhost db]# docker run --name=db -d -p 3306:3306 -e
MYSQL_ROOT_PASSWORD=root mysql:v1
6286bd566d1e67ed8b57b9ab31aa7001fb54592731a2bb86e5aec3627e594254
```

使用 docker run 运行了 mysql 镜像，设置数据库的密码是 root。

7．运动 java_app 镜像

使用 docker run 命令运行 java_app:v1 镜像，运行时，使用--link 参数连接到数据库容器，暴露服务的 80 端口。

```
[root@localhost db]# docker run --name=javaapp --link=db -d -p 80:80
java_app:v1
871ab2b16a6a5b2152ed3bb3527f6115f974b888ebb203e722c1b57562e8cc05
```

8．测试 javaapp 容器应用

在 Windows 中使用浏览器访问宿主机的 80 端口，访问结果如图 4-18 所示。

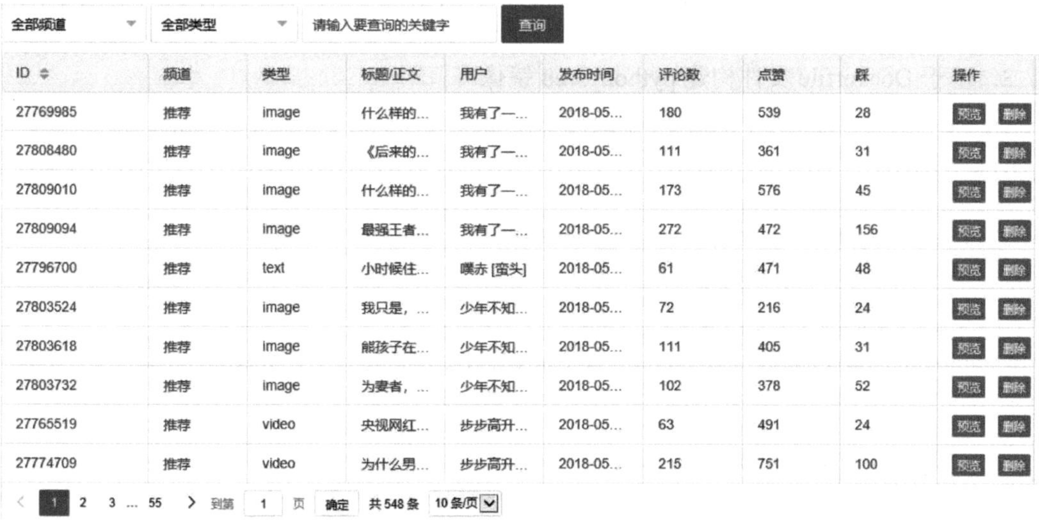

ID	频道	类型	标题/正文	用户	发布时间	评论数	点赞	踩	操作
27769985	推荐	image	什么样的...	我有了一...	2018-05...	180	539	28	预览 删除
27808480	推荐	image	《后来的...	我有了一...	2018-05...	111	361	31	预览 删除
27809010	推荐	image	什么样的...	我有了一...	2018-05...	173	576	45	预览 删除
27809094	推荐	image	最强王者...	我有了一...	2018-05...	272	472	156	预览 删除
27796700	推荐	text	小时候住...	噗赤 [萤头]	2018-05...	61	471	48	预览 删除
27803524	推荐	image	我只是，...	少年不知...	2018-05...	72	216	24	预览 删除
27803618	推荐	image	能孩子在...	少年不知...	2018-05...	111	405	31	预览 删除
27803732	推荐	image	为妻者，...	少年不知...	2018-05...	102	378	52	预览 删除
27765519	推荐	video	央视网红...	步步高升...	2018-05...	63	491	24	预览 删除
27774709	推荐	video	为什么男...	步步高升...	2018-05...	215	751	100	预览 删除

图 4-18　成功访问 javaapp 应用

至此，通过使用 Dockerfile 成功构建了 Java Web 应用程序镜像。

4.3.3 构建 Python Web 应用镜像

4-7 构建 Python Web 应用镜像

Python 是最近几年使用非常广泛的编程语言，使用 Python 同样可以编写 Web 应用程序，下面就使用 Dockerfile 构建 Python 应用镜像，同时，连接到 redis 数据库，提供给用户访问使用。

1．上传 Python 应用程序

```
[root@localhost ~]# mkdir pythonweb
[root@localhost ~]# cd pythonweb/
[root@localhost pythonweb]# rz
[root@localhost pythonweb]# ls
app.py
```

在 root 目录下，建立 Python Web 目录，上传 app.py 的 Python 脚本，查看目录，发现 app.py 已经存在了。

2．编写 Dockerfile 文件

在目录下创建 Dockerfile 文件，打开文件后，输入如下内容。

```
#指定基础镜像
FROM python:3.5
#安装 flask 和 redis 组件
RUN pip install flask redis
#复制 app.py 源程序到根目录
ADD app.py /
#暴露 Web 服务 80 端口
EXPOSE 80
#容器启动时运行 app.py 应用程序
CMD [ "python", "/app.py" ]
```

首先基于 python:3.5 基础镜像，在基础镜像上，安装支持 Web 应用和连接 redis 数据库的组件，然后把 app.py 应用程序复制到根目录，暴露 80 访问端口，启动容器时，使用 python app.py 运行应用程序。

3．基于 Dockerfile 文件构建 python_web 镜像

```
[root@localhost pythonweb]# docker build -t python_web:v1 .
```

结果如下：

```
Sending build context to Docker daemon  3.072kB
Step 1/5 : FROM python:3.5
[root@localhost pythonweb]# vi Dockerfile
[root@localhost pythonweb]#
[root@localhost pythonweb]# docker build -t phthon_web:v1 .
Sending build context to Docker daemon  3.072kB
Step 1/5 : FROM python:3.5
3.5: Pulling from library/python
Digest:sha256:42a37d6b8c00b186bdfb2b620fa8023eb775b3eb3a768fd3c2e421964eee9665
Status: Downloaded newer image for python:3.5
 ---> 3687eb5ea744
```

```
Step 2/5 : RUN pip install flask redis
 ---> Running in 027db68b2f1d
Removing intermediate container 027db68b2f1d
 ---> ceaf3959cba5
Step 3/5 : ADD app.py /
 ---> 0a5cf95c13f6
Step 4/5 : EXPOSE 80
 ---> Running in d90cf25d3f4a
Removing intermediate container d90cf25d3f4a
 ---> 61c7e395630d
Step 5/5 : CMD [ "python", "/app.py" ]
 ---> Running in 97aa90972bc6
Removing intermediate container 97aa90972bc6
 ---> 8aed3d5cc770
Successfully built 8aed3d5cc770
Successfully tagged phthon_web:v1
```

使用 docker build，经过 5 个步骤，成功构建了 python_web:v1 镜像。

4．运行 redis 数据库镜像

因为 python_web 镜像的应用程序用到了 redis 数据库，所以，首先要下载运行 redis 数据库，然后再运行 python_web 镜像。

```
[root@localhost pythonweb]# docker pull redis:latest
[root@localhost pythonweb]# docker run --name=myredis -d redis
ad3b27793367bb5ed627f7d47d8a4f9271e3f108a2777db0b18b35dcd71dbcf0
```

首先下载 redis 数据库镜像，然后运行该镜像，容器名称为 myredis。

5．运行 python_web 镜像，连接 myredis 容器

```
[root@localhost pythonweb]# docker run --name pythonweb -d -p 80:80
-e "REDIS_HOST=myredis" --link myredis python_web:v1
ec7ce5f67a60b4d613b70c027c6e596db5eb78c0c0023f9148863a71d7c817be
```

在创建名称为 pythonweb 的容器时，暴露 Web 服务端口 80，设置环境变量 REDIS_HOST=myredis，使用--link myredis 连接 myredis 数据库容器，因为在 app.py 程序中有这样一段代码。

```
redis = Redis(host=os.environ.get('REDIS_HOST', '127.0.0.1'), port=6379)
```

这段代码是通过获取环境变量 REDIS_HOST 的值连接到 redis 数据库的，这里通过-e "REDIS_HOST=myredis" 设置了环境变量 REDIS_HOST 的值是 myredis，再通过--link 连接到 myredis 容器，所以 myredis 的值就是 redis 数据库的 IP 地址。这样就成功地连接到了 redis 数据库。

6．测试 pythonweb 容器应用

在 Windows 中访问宿主机的 80 端口，可以访问 pythonweb 容器应用。这是一个统计访问次数的程序，刷新几次后，可以看到访问次数是 4 次了，如图 4-19 所示。

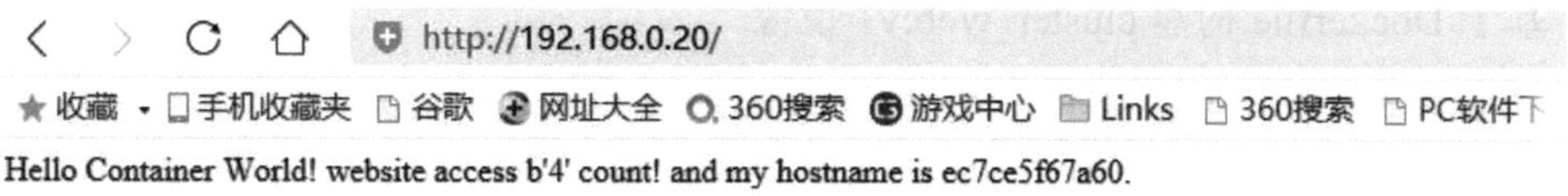

图 4-19　成功访问 pythonweb 容器应用

4.3.4 搭建 PHP 动态 Web 应用集群

4-8 搭建 PHP 动态 Web 应用集群

一个 Web 应用无法满足大量的并发需求，这就要求运维人员使用容器技术搭建多个 Web 容器，前端用户访问的是负载均衡容器，由负载均衡容器再分别访问 Web 容器，同时，各个 Web 容器要共享程序源代码和数据库，如图 4-20 所示。

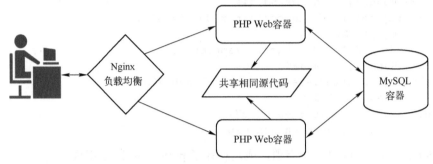

图 4-20　PHP Web 集群架构

1．构建集群 Web 服务镜像

```
[root@localhost ~]# mkdir clusterweb
[root@localhost ~]# cd clusterweb/
[root@localhost clusterweb]# vim Dockerfile
```

首先建立 clusterweb 目录，在目录中建立 Dockerfile 文件，打开 Dockerfile，在文件中输入以下 Docker 指令。

```
#基于 centos:7 镜像
FROM centos:7
#安装 httpd php php-my php-gd 服务
RUN  yum install httpd php php-mysql php-gd -y
#暴露 80 服务端口
EXPOSE 80
#启动容器时在前台运行 httpd 服务
CMD ["/usr/sbin/httpd","-DFOREGROUND"]
```

这里需要注意，不能把 PHP 的源程序复制到网站根目录，因为需要保证多个运行容器源程序的一致性，如果把源程序复制到镜像里，那么运行多个容器后，需要改动程序，所以保证容器的程序一致就很困难。

不把源程序复制到镜像的好处是：在运行镜像时，使用数据绑定把宿主机的某个目录绑定到每个运行起来的容器中，就可以保证所有容器的程序数据都一致了，如果需要修改的话，只需要修改宿主机上的源程序即可实现修改所有容器源程序。

注意，除了不复制源程序到镜像里，涉及的服务是必须安装的，因为这些服务是运行服务的基础。

2．基于 Dockerfile 构建 cluster_web:v1 镜像

```
[root@localhost clusterweb]# docker build -t cluster_web:v1 .
```

结果如下：

```
Sending build context to Docker daemon  2.048kB
```

```
Step 1/4 : FROM centos:7
 ---> 8652b9f0cb4c
Step 2/4 : RUN  yum install httpd php php-mysql php-gd -y
 ---> Using cache
 ---> 712b6f215980
Step 3/4 : EXPOSE 80
 ---> Running in 577c34fd4317
Removing intermediate container 577c34fd4317
 ---> dcebbe77d9c4
Step 4/4 : CMD ["/usr/sbin/httpd","-DFOREGROUND"]
 ---> Running in f4a71c9fe2be
Removing intermediate container f4a71c9fe2be
 ---> 728b10d0c61a
Successfully built 728b10d0c61a
Successfully tagged cluster_web:v1
```

使用 docker build，经过 4/4 四个步骤，成功地构建了集群应用 Web 镜像 cluster_web:v1。

3. 编写 Nginx 负载均衡 Dockerfile

在 /root 目录下建立 nginx 目录，在 nginx 目录中，上传 nginx 服务的源程序代码 nginx-1.18.0.tar.gz，然后创建 Dockerfile 文件，打开文件，输入以下 Dockerfile 指令。

```
#指定基础镜像
FROM centos:7
#把nginx源代码复制到根目录，自动解压缩
ADD nginx-1.18.0.tar.gz /
#编译安装nginx服务
RUN yum install gcc gcc++ pcre pcre-devel zlib zlib-devel make -y && cd nginx-1.18.0 && ./configure && make && make install
#进入安装的nginx可执行文件目录
WORKDIR /usr/local/nginx/sbin
#暴露80服务端口
EXPOSE 80
#将nginx可执行文件路径加入PATH环境变量
ENV PATH /usr/local/nginx/sbin:$PATH
#启动容器时，在前台运行nginx服务
CMD ["nginx","-g","daemon off;"]
```

这里需要注意第 6 行，如果想用源码编译安装 nginx 服务，首先要安装支持编译安装的工具 gcc、gcc++、pcre、pcre-devel、zlib、zlib-devel，然后进入解压后的目录，编译安装 nginx。

第 12 行是把 nginx 可执行文件的目录加入 PATH 环境变量，这样直接使用 nginx 命令就可以执行 nginx 服务了。

第 14 行，在执行 nginx 时，使用"-g"和"daemon -off"，同样让 nginx 服务运行在前台，让容器保持运行状态。

4. 构建负载均衡镜像 cluseter_nginx:v1

```
[root@localhost nginx]# docker build -t cluster_nginx:v1 .
```

结果如下：

```
Sending build context to Docker daemon  1.042MB
Step 1/7 : FROM centos:7
```

```
    ---> 8652b9f0cb4c
Step 2/7 : ADD nginx-1.18.0.tar.gz /
 ---> ebbeb7b3c633
Step 3/7 : RUN yum install gcc gcc++ pcre pcre-devel zlib zlib-devel make
-y && cd nginx-1.18.0 && ./configure && make && make install
 ---> Running in 7760b762cb2e
Step 4/7 : WORKDIR /usr/local/nginx/sbin
 ---> Running in ba57d477d67a
Removing intermediate container ba57d477d67a
 ---> fc4f4e26f567
Step 5/7 : EXPOSE 80
 ---> Running in b3b7a425a287
Removing intermediate container b3b7a425a287
 ---> 93d2657bbedd
Step 6/7 : ENV PATH /usr/local/nginx/sbin:$PATH
 ---> Running in 0768d19c2464
Removing intermediate container 0768d19c2464
 ---> beeba86fdc21
Step 7/7 : CMD ["nginx","-g","daemon off;"]
 ---> Running in e2bd7ac150ef
Removing intermediate container e2bd7ac150ef
 ---> a52d1a60e3b7
Successfully built a52d1a60e3b7
Successfully tagged cluster_nginx:v1
```

使用 docker build，经过 7 个步骤，成功地构建了 cluseter_nginx:v1 镜像。

5. 上传 PHP Web 源程序到指定目录

本次使用的 PHP Web 还是 dami 源程序，在宿主机/root 目录中建立 web 目录，使用 rz 上传压缩包，然后再解压。

```
[root@localhost ~]# mkdir web
[root@localhost web]# ls
dami
```

然后修改该目录的权限，让所有人具备写入权限。

```
[root@localhost web]# chmod -R 777 /root/web
[root@localhost web]# ll -d /root/web
drwxrwxrwx. 3 root root 18 1月   5 17:03 /root/web
```

6. 搭建集群应用

（1）运行 mysql:5.7 镜像

因为两个 Web 容器需要同时使用一个数据库，这样数据才能一致，所以首先使用 docker run 运行 mysql:5.7 镜像，容器名称为 mysql，设置登录密码是 1，操作如下：

```
[root@localhost ~]# docker run --name=mysql -d -p 3306:3306 -e
MYSQL_ROOT_PASSWORD=1 mysql:5.7
e640d5a3c62d8d4bfe4c0176ebdbc5fc390b9c01b22c630a8aeae13cc78a2646
```

（2）运行第一个 Web 容器

在运行第一个 Web 容器时，需要挂载/root/web/dami 源程序到/var/www/html 网站根目录，映射到宿主机的 81 端口，同时需要使用--link 连接 mysql 数据库容器，容器名称是 web1，操作如下：

```
[root@localhost ~]# docker run --name=web1 -d -p 81:80 -v
/root/web/ dami:/var/www/html --link=mysql cluster_web:v1
0c1da0f4335111624cff22943ec93f1b9e8e76b0d5d435cb4d89819c5f6e4841
```

(3) 运行第二个 Web 容器

在运行第二个 Web 容器时，需要挂载/root/web/dami 源程序到/var/www/html 网站根目录，映射到宿主机的 82 端口，同时需要使用--link 连接 mysql 数据库容器，容器名称是 web2，操作如下：

```
[root@localhost ~]# docker run --name=web2 -d -p 82:80 -v
/root/web/dami:/var/www/html --link=mysql cluster_web:v1
5d39a35492e0899aae20f49c250fc2f0c7b00d991848891a25ea82a869ed5
```

(4) 运行负载均衡容器

首先在/root 目录下创建一个文件 nginx.conf，做好负载均衡配置，然后将该文件挂载到容器的/usr/local/nginx/nginx.conf 配置文件上。

如何编写这个文件呢？可以利用 cluster_nginx:v1 镜像随意运行一个容器，进入容器，找到/usr/local/nginx/conf 下的 nginx.conf，操作如下：

```
[root@localhost ~]# docker run -it cluster_nginx:v1 /bin/bash
[root@af9c94fc7562 sbin]# ls
nginx
[root@af9c94fc7562 sbin]# cd ..
[root@af9c94fc7562 nginx]# ls
conf  html  logs  sbin
[root@af9c94fc7562 nginx]# cd conf/
[root@af9c94fc7562 conf]# ls
fastcgi.conf         fastcgi_params.default  mime.types          nginx.conf.default
uwsgi_params         fastcgi.conf.default    koi-utf             mime.types.default   scgi_params
uwsgi_params.default fastcgi_params          koi-win             nginx.conf           scgi_params.default
win-utf
```

复制 nginx.conf 中的内容到/root/nginx.conf 文件，然后在 server 处添加如下负载均衡配置就可以了。

```
upstream dami{
    server 192.168.0.20:81;
    server 192.168.0.20:82;
}
server {
   listen       80;
   server_name  localhost;
   location / {
        proxy_pass http://dami;
   }
}
```

配置的含义是当访问服务的 80 端口时，反向代理到 http://dami，而在 upstream dami 服务器列表上，轮询访问 192.168.0.20:81 和 192.168.0.20:82，完成负载均衡配置后，运行 cluster_nginx:v1 镜像，将/root/nginx.conf 挂载到容器配置文件，如果需要修改 nginx 容器配置，直接修改/root 下的 nginx.conf，再重启容器就可以了。

```
[root@localhost ~]# docker run --name=nginx -d -p 80:80 -v
/root/ nginx.conf:/usr/local/nginx/conf/nginx.conf cluster_nginx:v1
c8c4de56c81a92d0481f7e67b1e025ae5a011501e20a6f3117eea3f32034425b
```

7．测试集群应用

在 Windows 中使用浏览器访问宿主机的 80 端口，发现已经成功地访问了一个 Web 容器，如图 4-21 所示。

图 4-21　成功访问 Web 容器

安装步骤完成后，就可以访问 Web 服务的首页面了，如图 4-22 所示。

图 4-22　安装后访问首页

这里只需要安装一次，因为两个容器使用的源程序都是/root/web/dami 源程序，安装时，配置的是/root/web/dami 源程序，所以安装一次就可以了，如果以后想修改源程序代码，也只需要在/root/web/dami 目录修改，修改后就同步到所有 Web 容器了。

当在浏览器上刷新时，就在两个容器之间切换访问，这里只运行了 2 个 Web 容器，用户增加时，可以适当增加容器数量。如果一台服务器性能不够，也可以把容器运行在多台 Docker 服务器上，解决高并发问题。

8．查看负载均衡到的具体容器

因为两个容器的应用内容是一样的，所以在浏览器上刷新时，无法确定具体轮询到了哪个容器。可以在/root/web/dami 目录下新建立一个文件，名称为 host.php，在其中输入以下内容。

```
<?php
   echo gethostname();
?>
```

这段内容很简单，其中<?php 和?>是 PHP 的固定语法，定义 PHP 程序的开始和结束，echo gethostname()的作用是输出主机名称。

再次使用浏览器访问容器，首次访问，返回的是 web1 容器的容器 ID，结果如图 4-23 所示。

图 4-23　首次访问返回 web1 容器 ID

刷新浏览器后，返回的是 web2 容器的容器 ID，结果如图 4-24 所示。

图 4-24　刷新访问返回 web2 容器 ID

这样，就可以证明负载均衡是把访问负载均衡到两个容器上，再把结果返回给用户的。

任务拓展训练

1）在 4.3.4 中，检查在一个容器上注册的用户名，查看在其他容器上是否需要重新注册。
2）在 4.3.4 中，在一个容器的后台管理页面，上传一个图片，查看在其他容器上是否可以显示。

项目小结

1）在实际生产环境中，主要通过编写 Dockerfile 的方式制作镜像。
2）使用 Dockerfile 制作运行多个服务的镜像，可以通过 CMD 运行一个脚本，然后在脚本中运行多个服务实现。
3）PHP、Java、Python 的 Web 应用使用很多，要学会制作相关镜像。
4）部署 Web 集群时，一定要注意数据的一致性，特别是数据库数据的一致和程序代码的一致。
5）注意 COPY 指令和 ADD 指令的区别。
6）在使用 ADD 和 COPY 复制文件时，注意复制文件和目录的规则。

习题

一、选择题

1. 以下关于 ADD 和 COPY 指令的说法中，正确的是（　　）。

A．ADD 和 COPY 都可以从远程 URL 地址复制文件
B．ADD 和 COPY 指令都可以将压缩文件加压缩
C．ADD 不可以同时复制多个文件到镜像中
D．COPY 不能实现从远程 URL 地址复制文件

2．下列关于 ENTRYPOINT 和 CMD 指令的说法中，正确的是（　　）。
A．ENTRYPOINT 和 CMD 指令可以在 Dockerfile 中运行多次
B．ENTRYPOINT 指令可以作为 CMD 指定的参数使用
C．CMD 指令可以作为 ENTRYPOINT 指令的参数使用
D．ENTRYPOINT 和 CMD 指令不能够运行程序

3．以下说法不正确的是（　　）。
A．VOLUME 指令可以实现容器的持久化挂载
B．ENV 指令可以设置容器的环境变量
C．FROM 指令设置基础镜像
D．WORKDIR 指令的作用是复制文件

4．关于 docker commit 制作镜像，说法不正确的是（　　）。
A．docker commit 可以把一个容器制作成一个镜像
B．docker commit 制作镜像的过程是黑盒操作，无法审计
C．docker commit 制作镜像对层数没有要求
D．docker commit 在实际生产中很少使用

5．关于 RUN 和 CMD 指令制作镜像，说法不正确的是（　　）。
A．RUN 指令是创建 Docker 镜像的步骤
B．CMD 指令是当 Docker 镜像被启动后 Docker 容器将会默认执行的指令
C．一个 Dockerfile 指令中可以有多个 RUN
D．一个 Dockerfile 指令中可以有多个 CMD

6．关于 Dockerfile 指令，说法不正确的是（　　）。
A．使用 RUN 指令时，尽量把相关操作放在一起执行，如果指令长，可以使用\进行换行
B．通过 ENV 指令可以设置 PATH 环境变量
C．使用 EXPOSE 指令可以直接映射容器端口给宿主机
D．CMD 指令可以作为 ENTRYPOINT 指令的参数

二、填空题

1．在宿主机中检查容器的 IP 地址，可以使用_____容器 ID。
2．在部署集群应用时，需要注意_____数据和_____数据的一致性。
3．在前台运行 httpd 服务的命令是_____。
4．在前台运行 nginx 服务的命令是_____。

项目 5　使用 Docker 镜像仓库

本项目思维导图

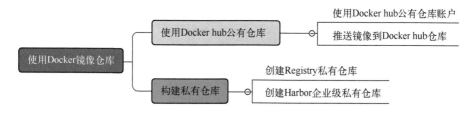

▶任务 5.1　使用 Docker Hub 公有仓库

 学习情境

Docker 的三个要素是镜像、容器和仓库，在实际工作中，经常需要把自己制作的镜像保存到官方仓库中，实现镜像的保存和与其他人合作，技术主管要求你学会把自己制作的镜像推送到官方仓库中，并能够查询和下载。

 教学目标

知识目标：
1）掌握 Docker Hub 官方仓库的作用
2）掌握 Docker Hub 官方仓库的使用方法

能力目标：
1）会注册 Docker Hub 账户
2）会推送自己制作的镜像到 Docker Hub

教学内容

1）注册 Docker Hub 账户
2）上传镜像到 Docker Hub 仓库
3）在 Docker Hub 上搜索下载自己制作的镜像

5.1.1　创建 Docker Hub 仓库账户

5-1
创建 Docker hub 仓库账户

Docker Hub 是 Docker 官网推出的 Docker 仓库的一个公共服务器，在 Docker 命令行中拉取镜像时都是从 Docker Hub 仓库下载的，当下载镜像时，可以加上 Docker Hub 官网的地址，比如 docker pull registry.hub.docker.com/library/alpine，不过这种方式下载的镜像的默认名称就会长一些，同时在 Docker Hub 仓库还可以存放自己私有的镜像、可以管理自己的镜像。使用 Docker Hub 的第一步是注册一个账户，下面就来注册账户。

1．注册账户

Docker Hub 的官网地址是 https://hub.docker.com/。首先使用浏览器登录这个网址，如图 5-1 所示。

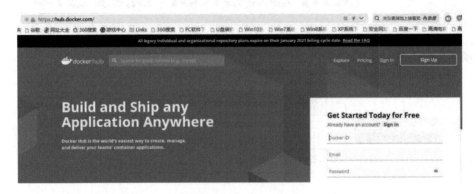

图 5-1　登录 Docker Hub 官网

在右侧注册表单中输入账户名称、Email 和密码，然后进行人机身份验证，如图 5-2 所示。

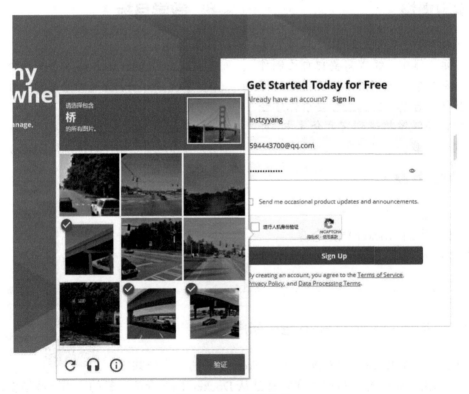

图 5-2　输入注册信息

验证通过后，单击 Sign Up 按钮，在弹出的页面中，选择一个计划，也就是选择哪个服务类型，作为学习者，选择第一个免费版本（Free）就可以了。它支持任意的公共仓库、一个私有仓库和社区支持，这些功能已经足够初学者使用了，如图 5-3 所示。

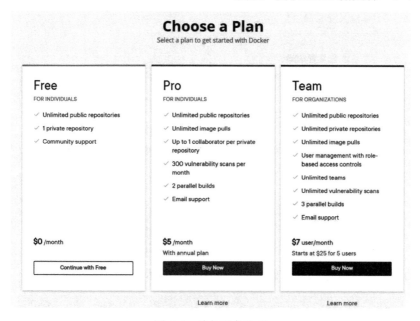

图 5-3　选择服务类型

单击其中的 Continue with Free 按钮后，在下一个页面让用户通过邮箱激活自己的账户，如图 5-4 所示。

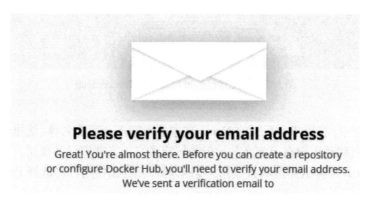

图 5-4　提示使用邮箱激活账户

进入自己注册时使用的邮箱后，选择最新的邮件，打开后单击 Verify email address，如图 5-5 所示。

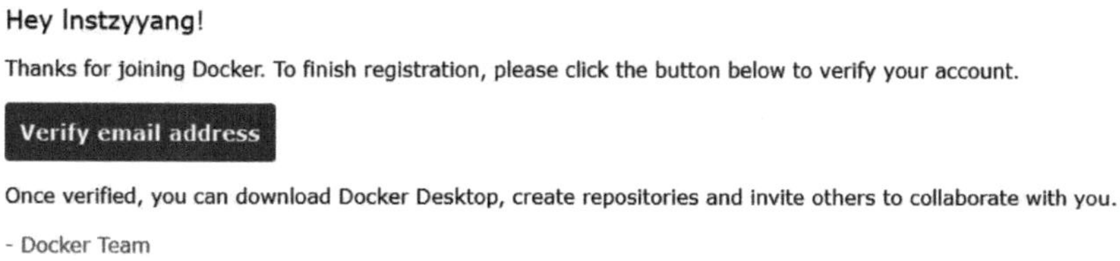

图 5-5　进入邮箱确认

在弹出的页面中，单击"继续访问"按钮，如图 5-6 所示。

图 5-6　单击继续访问

激活成功后，就可以进入仓库首页了，如图 5-7 所示。

图 5-7　使用自己的账户登录到 Docker Hub

2．创建仓库

在弹出的页面中，在用户名后面的 Name 文本框中输入仓库的名称，这里输入名称为 web，如图 5-8 所示。名称是用户自己定义的，但最好有意义，方便记忆和使用，在 Visibility 可见性中，选择 Public，即开放给所有人使用，如果想只有自己使用，则选择 Private。

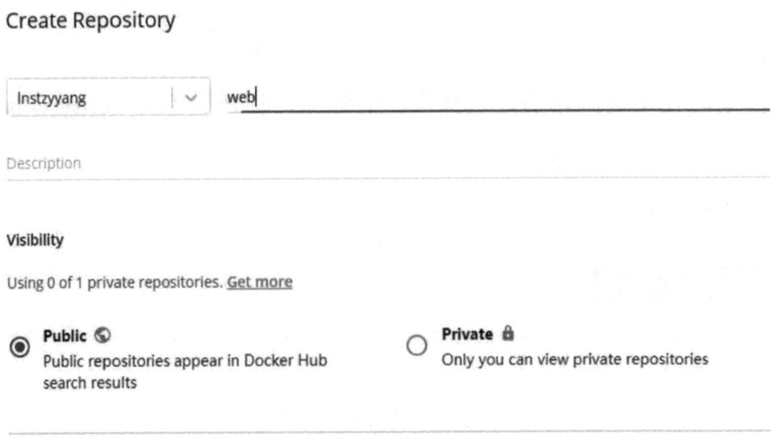

图 5-8　输入仓库的名称

输入完用户名称，选择 Public 后，单击页面底部的 Create 按钮创建仓库，创建完成后，进入 Web 仓库页面，如图 5-9 所示。

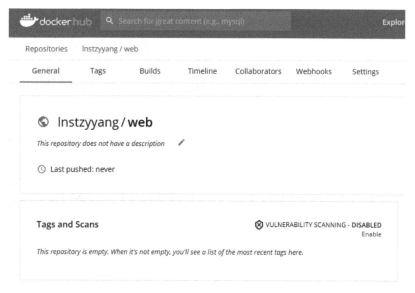

图 5-9　进入 Web 仓库

由于没有向仓库中存放镜像，因此 Tags and Scans 是空的。

5.1.2　推送下载镜像

创建仓库的作用是将自己创建的镜像保存到其中，在安装 Docker 服务的主机上可以将自己创建的镜像推送到 Docker Hub 仓库。

1. 登录 Docker Hub

在安装了 Docker 服务的主机上，使用 docker login --username=用户名后，Docker 服务提示输入该用户的密码，当输入了密码后，提示成功登录到 Docker Hub。

```
[root@localhost ~]# docker login --username=lnstzyyang
```

结果如下：

```
Password:
WARNING! Your password will be stored unencrypted in /root/.docker/config.json.
Configure a credential helper to remove this warning. See
https://docs.docker.com/engine/reference/commandline/login/#credentials-store
Login Succeeded
```

2. 推送镜像到 Docker Hub

在 Web 仓库的右侧，提示推送镜像到本仓库使用的命令，如图 5-10 所示。

图 5-10　进入 Web 仓库

这里的 lnstzyyang 是账户名称，Web 是仓库的名称，如果想把一个镜像推送到 lnstzyyang 账户的 Web 仓库，首先要将镜像名称修改为 lnstzyyang/web:tagname 的形式，然后使用 docker push

命令把该镜像推送到自己创建的 Web 仓库。

（1）修改镜像名称

使用 docker tag 命令可以修改镜像的名称，这里以一个比较小的镜像 alpine:latest 为例，修改它的名称。

```
[root@localhost ~]# docker tag alpine:latest lnstzyyang/web:alpine
```

查看镜像：

```
[root@localhost ~]# docker images
REPOSITORY          TAG          IMAGE ID          CREATED          SIZE
alpine              latest       389fef711851      2 weeks ago      5.58MB
lnstzyyang/web      alpine       389fef711851      2 weeks ago      5.58MB
```

修改完成后，发现两个镜像的名称是不一样的，但 IMAGE ID 都是 389fef711851，它们只是名称不同，其实是一个镜像，这里使用 docker tag 修改镜像名称时可以使用 alpine:latest 的镜像 ID 代替名称。

（2）推送镜像到 Docker Hub

```
[root@localhost ~]# docker push lnstzyyang/web:alpine
```

结果如下：

```
The push refers to repository [docker.io/lnstzyyang/web]
777b2c648970: Mounted from library/alpine
alpine: digest: sha256:074d3636ebda6dd446d0d00304c4454f468237fdacf08f-b0eeac90bdbfa1bac7 size: 528
```

使用 docker push 将 lnstzyyang/web:alpine 这个镜像成功地推送到 Docker Hub 仓库。

（3）查看自建的 Web 仓库

进入 Web 仓库页面，在 Tags and Scans 项中可以看到上传上来的 tag 为 alpine 的镜像，如图 5-11 所示。

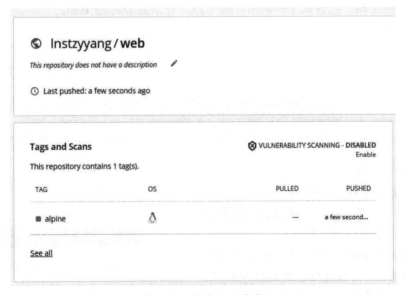

图 5-11　查看 Web 仓库

单击 Tag 为 alpine 的链接后，可以查看 lnstzyyang/web:alpine 镜像的详细信息，如图 5-12 所示。

图 5-12　lnstzyyang/web:alpine 镜像信息

3．从 Docker Hub 下载自己保存的镜像

```
[root@localhost ~]# docker rmi lnstzyyang/web:alpine
Untagged: lnstzyyang/web:alpine
```

首先使用 docker pull 删除本地 lnstzyyang/web:alpine 镜像。

```
[root@localhost ~]# docker pull lnstzyyang/web:alpine
```

结果如下：

```
alpine: Pulling from lnstzyyang/web
Digest: sha256:074d3636ebda6dd446d0d00304c4454f468237fdacf08fb0eeac9-
0bdbfa1bac7
Status: Downloaded newer image for lnstzyyang/web:alpine
docker.io/lnstzyyang/web:alpine
```

然后使用 docker pull 命令将 lnstzyyang/web:alpine 镜像下载到本地，注意镜像的名称为账户/仓库名：tag。

任务拓展训练

1）在 Docker Hub 上注册自己的账户。
2）在 Docker Hub 上登录账户并创建公共仓库 mysql。
3）修改 mysql:5.7 镜像名称，推送到自己创建的仓库 mysql。

任务 5.2 构建私有仓库

学习情境

使用 Docker Hub 公有仓库有三个问题，一是访问速度比较慢，二是保密代码的安全问题，三是不利于同一个工作组之间成员的合作。所以技术主管要求你搭建自己的私有镜像仓库，解决以上问题。

教学目标

知识目标：
1）掌握使用 http 访问 Registry 仓库的配置方法
2）掌握配置 Registry 仓库认证登录的方法

能力目标：
1）会部署 Registry 私有镜像仓库
2）会使用 Registry 私有镜像仓库

教学内容

1）构建 Registry 私有仓库
2）使用 Registry 私有仓库

5.2.1 创建 Registry 私有仓库

5.2.1.1 构建 Registry 基本应用

5-3 创建 Registry 私有仓库

在公司中使用 Docker，基本不可能把商业项目上传到 Docker hub 公共仓库中，如果要多个主机共享镜像，怎么解决呢？正因为这种需求，私有仓库也就有用武之地了。

私有仓库，也就是在本地局域网搭建的一个类似 Docker Hub 的仓库，搭建好之后，可以将镜像提交到私有仓库中，这样既能使用 Docker 来运行项目镜像，也避免了商业项目暴露出去的风险。

下面用官方提供的 Registry 镜像来搭建私有镜像仓库。

1. 克隆一台 Docker 主机

使用 VMware 克隆一台 Docker 主机，将克隆主机的 IP 地址配置成同原来主机同一网络，这里配置成 192.168.0.30/24，如图 5-13 所示。

测试两台 Docker 主机的网络连通性。

图 5-13 修改主机 IP 地址

```
[root@localhost ~]# ping -c 2 192.168.0.30
```

结果如下：

```
PING 192.168.0.30 (192.168.0.30) 56(84) bytes of data.
64 bytes from 192.168.0.30: icmp_seq=1 ttl=64 time=0.980 ms
64 bytes from 192.168.0.30: icmp_seq=2 ttl=64 time=1.77 ms
--- 192.168.0.30 ping statistics ---
```

```
2 packets transmitted, 2 received, 0% packet loss, time 1002ms
rtt min/avg/max/mdev = 0.980/1.375/1.771/0.397 ms
```

通过测试，发现两台主机可以正常通信了。

2. 修改主机名称

下面修改 192.168.0.20 的主机名称为 registry，192.168.0.30 主机修改为 node。首先通过 hostnamectl 命令修改第一台主机的名称为 registry。再修改第二台主机的名称为 node。

```
[root@localhost ~]# hostnamectl set-hostname registry
[root@localhost ~]# bash
bash
[root@registry ~]#
[root@localhost ~]# hostnamectl set-hostname node
[root@localhost ~]# bash
bash
[root@node ~]#
```

3. 在 registry 主机上拉取 registry 镜像

通过 registry 镜像可以创建私有仓库，所以首先把它下载到本地。

```
[root@registry ~]# docker pull registry
```

结果如下：

```
Using default tag: latest
latest: Pulling from library/registry
0a6724ff3fcd: Pull complete
d550a247d74f: Pull complete
1a938458ca36: Pull complete
acd758c36fc9: Pull complete
9af6d68b484a: Pull complete
Digest: sha256:d5459fcb27aecc752520df4b492b08358a1912fcdfa454f7d2101-
d4b09991daa
Status: Downloaded newer image for registry:latest
docker.io/library/registry:latest
```

通过 docker pull 命令成功下载了 registry 镜像。

4. 运行 registry 镜像，构建私有仓库

```
[root@registry ~]# docker run --name=registry -d -v /myregistry/:/var/lib/registry -p 5000:5000 --restart=always registry
650ff712b2146843ccb38768de41c0db7bf1e963d64bfba170bbe6304bc3105d
```

使用 docker run 命令运行 registry:latest 镜像，使用-v 持久化容器的/var/lib/registry 目录到宿主机的/myregistry 目录，使用-p 映射容器的 5000 端口到宿主机，因为 registry 默认的开放端口是 5000，--restart=always 的作用是当容器退出时，自动重启。

5. 在 node 主机推送镜像到 registry 私有仓库

（1）修改 daemon.json 配置

在 node 主机上，修改/etc/docker/daemon.json 文件。

```
{
  "registry-mirrors": ["https://9pjol86d.mirror.aliyuncs.com"],
```

```
    "insecure-registries": ["192.168.0.20:5000"]
}
```

因为在默认情况下私有仓库是不被信任的，所以在 daemon.json 中加入 "insecure-registries": ["192.168.0.20:5000"]，使 192.168.0.20 上的私有仓库被信任，注意和前面的配置之间要加上逗号分隔。

然后重启 Docker 守护进程和 Docker 服务。

```
[root@node ~]# systemctl daemon-reload
[root@node ~]# systemctl restart docker
```

（2）修改本地镜像名称

在 node 主机中使用 docker tag 修改 alpine:latest 镜像名称为 192.168.0.20:5000/alpine:v1，这里在/之前表示镜像仓库的地址，后边的 alpine 是镜像仓库名称，v1 是 tag 标签。

```
[root@node ~]# docker tag alpine:latest 192.168.0.20:5000/alpine:v1
[root@node ~]# docker push 192.168.0.20:5000/alpine:v1
```

（3）推送镜像到私有仓库

使用 docker push 命令把修改完名称的镜像推送到 192.168.0.20 的 Registry 仓库。

```
[root@node ~]# docker push 192.168.0.20:5000/alpine:v1
```

结果如下：

```
The push refers to repository [192.168.0.20:5000/alpine]
777b2c648970: Pushed
v1: digest: sha256:074d3636ebda6dd446d0d00304c4454f468237fdacf08fb0ee-ac90bdbfa1bac7 size: 528
```

6．查询私有仓库上的镜像

（1）查询 node 主机上 registry 私有仓库上的镜像

```
[root@node ~]# curl http://192.168.0.20:5000/v2/_catalog
{"repositories":["alpine"]}
```

使用 curl 命令查询 http://192.168.0.20:5000/v2/_catalog，可以查看到推送到 registry 仓库上的镜像名称。

（2）查看 registry 主机的/myregistry 目录

```
[root@registry repositories]# cd /myregistry/docker/registry/v2/repositories/
[root@registry repositories]# ls
alpine
```

因为容器的镜像已经映射到/myregister 目录，所以在 registry 主机的 myregistry 目录中可以查询到推送上来的镜像。

7．下载镜像

首先删除以前下载过的 alpine 镜像。

```
[root@registry ~]# docker rmi alpine:latest
```

想在 registry 主机上使用私有仓库，同样相当于在客户端使用仓库，所以需要修改

/etc/docker/daemon.json 文件如下。

```
{
  "registry-mirrors": ["https://9pjol86d.mirror.aliyuncs.com"],
  "insecure-registries": ["192.168.0.20:5000"]
}
```

修改完成后重启 Docker 守护进程和 Docker 服务。

```
[root@registry ~]# systemctl daemon-reload
[root@registry ~]# systemctl restart docker
```

修改完成后，就可以使用 docker pull 命令从私有仓库中拉取镜像了。

```
[root@registry ~]# docker pull 192.168.0.20:5000/alpine:v1
```

结果如下：

```
v1: Pulling from alpine
801bfaa63ef2: Pull complete
Digest: sha256:074d3636ebda6dd446d0d00304c4454f468237fdacf08fb0eeac9-0bdbfa1bac7
Status: Downloaded newer image for 192.168.0.20:5000/alpine:v1
192.168.0.20:5000/alpine:v1
```

注意镜像的名称构成是"仓库地址/仓库名称:tag 标签"。至此已经成功地构建了私有仓库，上传和下载了镜像。

5.2.1.2 配置 Registry 私有仓库认证

在上节中，构建了基本的 Registry 私有仓库，实现了上传和下载镜像。但在局域网中任何人都可以使用该仓库，不够安全，下面配置客户端使用仓库时进行登录认证。

1. 安装 httpd-tools 工具

因为想创建一个 htpasswd 认证，所以首先需要安装 httpd-tools 工具，才可以使用这种认证。

```
[root@registry ~]# yum install httpd-tools -y
httpd-tools.x86_64 0:2.4.6-97.el7.centos
```

在安装结束后，就会显示如下内容，说明安装成功了。

2. 生成认证文件

在根目录下创建认证目录 auth，然后使用 htpasswd -Bbn 命令生成加密用户是 root、密码是 123 的用户，写入/auth 下的 htpasswd 认证文件。

```
[root@registry ~]# mkdir /auth
[root@registry ~]# htpasswd -Bbn root 123 > /auth/htpasswd
```

3. 使用认证方式创建镜像仓库

（1）删除正在运行的仓库

```
[root@registry ~]# docker rm -f 650ff712b214
650ff712b214
```

（2）重新启动容器

```
docker run -d -p 5000:5000 -v /auth/:/auth/ -v /myregistry:/var/lib/registry
-e "REGISTRY_AUTH=htpasswd"
-e "REGISTRY_AUTH_HTPASSWD_REALM=Registry Realm"
-e "REGISTRY_AUTH_HTPASSWD_PATH=/auth/htpasswd" registry
```

其中，使用-v 将宿主机认证目录绑定到容器认证目录，使用-e"REGISTRY_AUTH=htpasswd"和-e "REGISTRY_AUTH_HTPASSWD_REALM=Registry Realm" 指定认证方式是htpasswd，使用-e REGISTRY_AUTH_HTPASSWD_PATH=/auth/ htpasswd 指定认证配置文件。

4．登录仓库

```
[root@node ~]# docker push 192.168.0.20:5000/alpine:v1
```

结果如下：

```
The push refers to repository [192.168.0.20:5000/alpine]
777b2c648970: Preparing
no basic auth credentials
```

当再次使用 node 主机上传镜像时，发现已经不能上传了，因为没有登录认证，需要使用 docker login 登录 registry 仓库。

```
[root@node ~]# docker login 192.168.0.20:5000
```

结果如下：

```
Username: root
Password:
WARNING! Your password will be stored unencrypted in /root/.docker/config.json.
Configure a credential helper to remove this warning. See
https://docs.docker.com/engine/reference/commandline/login/#credentials-store
Login Succeeded
```

使用 docker login 192.168.0.20:5000 后，提示输入用户名和密码，输入之前生成的用户名"root"和密码"123"，即登录成功。

5．上传镜像

使用 docker tag 命令修改 httpd:latest 镜像名称为 192.168.0.20:5000/http:latest。

```
[root@node ~]# docker tag httpd:latest 192.168.0.20:5000/httpd:latest
```

然后使用 docker push 命令推送镜像到私有仓库。

```
[root@node ~]# docker push 192.168.0.20:5000/httpd:latest
```

结果如下：

```
The push refers to repository [192.168.0.20:5000/httpd]
bf4cb6a71436: Pushed
5792ac1517fc: Pushed
53c77568e9ed: Pushed
d6e97adfe450: Pushed
87c8a1d8f54f: Pushed
```

```
latest: digest: sha256:a938cd7d56e715593c5e006c3a61bc9d8e2a7f4083f874-
37ec89f9042b056226 size: 1366
```

在 registry 主机仓库目录中发现仓库中已经有 2 个镜像了，说明上传成功了。

```
[root@registry repositories]# ls
alpine  httpd
```

5-4
创建 Harbor 企业级私有仓库

5.2.2 创建 Harbor 企业级私有仓库

使用 Registry 镜像搭建的私有仓库功能非常单一，而且没有 Web 操作界面。在企业实际应用中，使用更多的是 Harbor 私有仓库，它比 Registry 的功能强大很多。

5.2.2.1 安装使用 Harbor 私有仓库

1. 下载 Harbor 源代码

（1）登录 Github

Github 是全球编程爱好者存放源代码的仓库，在其中可以下载很多开放源代码的软件。首先登录 Github 官网，地址是 https://github.com/，如图 5-14 所示。

图 5-14　登录 Github 官网

（2）搜索 Harbor 源代码

在右上角搜索框中输入 Harbor，搜索到的 Harbor 源代码如图 5-15 所示。

图 5-15　搜索到的 Harbor 源代码

（3）下载 Harbor 源代码

选择第一个 goharbor/harbor，打开后，选择右边的版本 v2.1.2，如图 5-16 所示。

选择版本后，进入 v2.1.2 版本下载页面，在第一个 harbor-offline-installer-v2.1.2.tgz 超链接上右击并选择"复制链接地址"，如图 5-17 所示。

图 5-16 选择 Harbor 版本

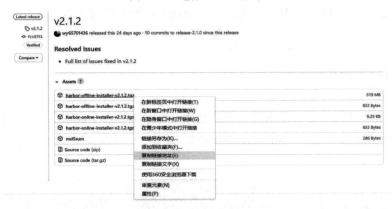

图 5-17 复制链接地址

在命令行中使用 wget 命令下载该链接地址软件。

```
[root@registry ~]# wget https://github.com/goharbor/harbor/releases/download/v2.1.2/harbor-offline-installer-v2.1.2.tgz
```

2．安装 Docker-Compose

（1）下载扩展源

因为 Harbor 需要依赖 Docker-Compose 安装，所以需要先安装 Docker-Compose。可以在下载 Harbor 源代码的同时复制一个终端，首先使用 wget 下载一个阿里云的扩展源。

```
[root@registry ~]# wget -O /etc/yum.repos.d/epel.repo http://mirrors.aliyun.com/repo/epel-7.repo
```

下载扩展源之后在/etc/yum.repos.d 目录下就多了 CentOS 的扩展源配置，在扩展源中提供了很多软件，Docker-Compose 软件就在扩展源中。

（2）安装 Docker-Compose

在安装结束后就会显示如下内容，说明安装成功了。Docker-Compose 的详细功能会在单机容器编排项目中详细介绍，这里仅介绍安装方法。

```
[root@registry ~]# yum install Docker-Compose -y
Docker-Compose.noarch 0:1.18.0-4.el7
```

3．安装 Harbor 私有仓库

（1）解压缩

使用 tar xf 命令解压缩 Harbor 的压缩文件。

```
[root@registry ~]# tar xf harbor-offline-installer-v2.1.2.tgz
[root@registry ~]# cd harbor
[root@registry harbor]# ls
common.sh harbor.v2.1.2.tar.gz harbor.yml.tmpl install.sh LICENSE  prepare
```

（2）修改配置文件

首先将配置的模板文件名称修改为 harbor.yml，作为 Harbor 启动的配置文件。

```
[root@registry harbor]# mv harbor.yml.tmpl harbor.yml
```

然后打开模板配置文件。

```
[root@registry harbor]# vim harbor.yml
```

harbor.yml 文件的部分内容如下。

```
4 hostname: 192.168.0.20
5 # http related config
6 http:
7 # port for http, default is 80. If https enabled, this port will redirect
  to https port
8 port: 80
9 # https related config
10 #https:
11 # https port for harbor, default is 443
12 #  port: 443
13 # The path of cert and key files for nginx
14 #  certificate: /your/certificate/path
15 #  private_key: /your/private/key/path
```

将第 4 行 hostname 设置成服务器的 IP 地址或者域名，这里设置 192.168.0.20。使用#将第 9～15 行注释掉。

注意第 28～31 行提示 Harbor 默认的管理员是"admin"，密码是"Harbor123456"。

```
28 # The initial password of Harbor admin
29 # It only works in first time to install harbor
30 # Remember Change the admin password from UI after launching Harbor.
31 harbor_admin_password: Harbor12345
```

（3）启动 Harbor

为了避免和 Harbor 容器冲突，首先删掉其他的容器。

```
[root@registry harbor]# docker rm -f $(docker ps -a -q)
```

然后执行目录下的 install.sh 脚本文件。

```
[root@registry harbor]# ./install.sh
```

执行过程如下所示：

```
[Step 0]: checking if docker is installed ...
Note: docker version: 20.10.1
[Step 1]: checking Docker-Compose is installed ...
Note: Docker-Compose version: 1.18.0
[Step 2]: loading Harbor images ...
Loaded image: goharbor/chartmuseum-photon:v2.1.2
```

```
Loaded image: goharbor/prepare:v2.1.2
Loaded image: goharbor/harbor-log:v2.1.2
Loaded image: goharbor/harbor-registryctl:v2.1.2
Loaded image: goharbor/clair-adapter-photon:v2.1.2
Loaded image: goharbor/harbor-db:v2.1.2
Loaded image: goharbor/harbor-jobservice:v2.1.2
Loaded image: goharbor/clair-photon:v2.1.2
Loaded image: goharbor/notary-signer-photon:v2.1.2
Loaded image: goharbor/harbor-portal:v2.1.2
Loaded image: goharbor/redis-photon:v2.1.2
Loaded image: goharbor/nginx-photon:v2.1.2
Loaded image: goharbor/trivy-adapter-photon:v2.1.2
Loaded image: goharbor/harbor-core:v2.1.2
Loaded image: goharbor/registry-photon:v2.1.2
Loaded image: goharbor/notary-server-photon:v2.1.2
[Step 3]: preparing environment ...
[Step 4]: preparing harbor configs ...
prepare base dir is set to /root/harbor
WARNING:root:WARNING: HTTP protocol is insecure. Harbor will deprecate http protocol in the future. Please make sure to upgrade to https
Generated configuration file: /config/portal/nginx.conf
Generated configuration file: /config/log/logrotate.conf
Generated configuration file: /config/log/rsyslog_docker.conf
Generated configuration file: /config/nginx/nginx.conf
Generated configuration file: /config/core/env
Generated configuration file: /config/core/app.conf
Generated configuration file: /config/registry/config.yml
Generated configuration file: /config/registryctl/env
Generated configuration file: /config/registryctl/config.yml
Generated configuration file: /config/db/env
Generated configuration file: /config/jobservice/env
Generated configuration file: /config/jobservice/config.yml
Generated and saved secret to file: /data/secret/keys/secretkey
Creating harbor-log ... done
Generated configuration file: /compose_location/Docker-Compose.yml
Clean up the input dir
Creating harbor-db ... done
Creating harbor-core ... done
Creating network "harbor_harbor" with the default driver
Creating nginx ... done
Creating registry ...
Creating redis ...
Creating registryctl ...
Creating harbor-db ...
Creating harbor-portal ...
Creating harbor-core ...
Creating nginx ...
Creating harbor-jobservice ...
 ✔ ----Harbor has been installed and started successfully.----
```

经过一小段时间等待，Harbor 成功地启动了，用 ps -a 命令查看容器，发现 Harbor 启动了 9 个容器为用户提供服务。

4. 使用浏览器访问 Harbor 服务

在 Windows 上，打开浏览器，输入 "192.168.0.20"（服务器 IP 地址），即可进入 Harbor 服务的首页，如图 5-18 所示。

输入默认的用户名 "admin"，密码 "Harbor12345" 后（注意 H 要大写），即可登录 Harbor 仓库，如图 5-19 所示。

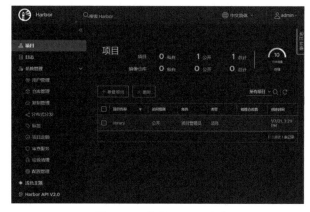

图 5-18　Harbor 首页　　　　　　　图 5-19　登录 Harbor 仓库

5. 推送镜像到 Harbor 仓库

（1）查看推送方法

在 Harbor 仓库中，可以使用默认的 library 项目，也可以创建自己的项目。下面以默认的 library 项目为例，登录到 Harbor 仓库中，查看推送方法。先选择 library 后，查看推送命令中，标记项目名称，然后推送镜像到仓库中，如图 5-20 所示。

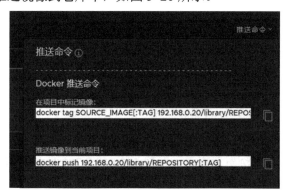

图 5-20　登录到 Harbor 仓库

（2）从客户端登录 Harbor 仓库

在 Node 主机上，首先还是修改/etc/docker/daemon.json 文件，让 192.168.0.20 成为受信任的仓库。

```
[root@node~]# vim /etc/docker/daemon.json
  {
    "registry-mirrors": ["https://9pjol86d.mirror.aliyuncs.com"],
    "insecure-registries": ["192.168.0.20"]
  }
```

修改完成后,重启 Docker 守护进程和 Docker 服务。

```
[root@node ~]# systemctl daemon-reload
[root@node ~]# systemctl restart docker
```

使用 docker login 命令输入用户名"admin"和密码"Harbor12345"后,登录 Harbor 仓库。

```
[root@node ~]# docker login 192.168.0.20
Username: admin
Password:
WARNING! Your password will be stored unencrypted in /root/.docker/ config.json.
Configure a credential helper to remove this warning. See
https://docs.docker.com/engine/reference/commandline/login/#credentials-store
Login Succeeded
```

看到"Login Succeeded",说明登录成功了。

(3) 从客户端推送镜像到 Harbor 仓库

1) 修改镜像名称。修改本地的 nginx:1.8.1 镜像名称,名称为仓库的地址/项目名称/仓库:版本。

```
[root@node ~]# docker tag nginx:1.8.1 192.168.0.20/library/nginx:1.8.1
```

2) 推送该镜像到 Harbor 仓库。

```
[root@node ~]# docker push 192.168.0.20/library/nginx:1.8.1
```

结果如下:

```
The push refers to repository [192.168.0.20/library/nginx]
5f70bf18a086: Pushed
62fd1c28b3bf: Pushed
6d700a2d8883: Pushed
c12ecfd4861d: Pushed
1.8.1: digest: sha256:746419199c9569216937fc59604805b7ac0f52b438bb5ca-4ec6b7f990873b198 size: 1977
```

发现已经成功将镜像推送到 Harbor 仓库了。

3) 查看推送情况。通过浏览器查看,发现 192.168.0.20/nginx:1.8.1 已经被推送到仓库中,如图 5-21 所示。

图 5-21　192.168.0.20/nginx:1.8.1 已被推送

6. 下载镜像

1）删除 192.168.0.20/nginx:1.8.1 镜像。

```
[root@node ~]# docker rmi -f 0d4
```

2）使用 docker pull 命令下载 Harbor 仓库镜像。

```
[root@node ~]# docker pull 192.168.0.20/library/nginx:1.8.1
```

结果如下：

```
1.8.1: Pulling from library/nginx
870b960cd011: Pull complete
4f4fb700ef54: Pull complete
0154009a1615: Pull complete
19b0e42d1a31: Pull complete
Digest: sha256:746419199c9569216937fc59604805b7ac0f52b438bb5ca4ec6b7-
f990873b198
Status: Downloaded newer image for 192.168.0.20/library/nginx:1.8.1
192.168.0.20/library/nginx:1.8.1
```

发现已经从 Harbor 仓库成功下载 192.168.0.20/library/nginx:1.8.1。

在网页上，发现下载数是 1，如图 5-22 所示。

图 5-22　更新下载数

5.2.2.2　配置 https 安全访问 Harbor 私有仓库

客服端到服务端或服务端到服务端的请求方式通常是 http 居多，但是考虑到安全性的问题，可以使用给系统添加一个证书来做认证，这样访问服务的协议就变成了 https 协议，使用的是 443 端口，对网站安全性要求高一点应用都需要使用证书的方式加密访问，因为仓库的数据对安全性要求也是比较高的，所以现在配置 Harbor 仓库的 https 访问。

1. 生成私钥文件

证书是由一个受信任的机构颁发的，可以把它理解成有认证机构签字的公钥文件，这个证书是公开的，当用户访问时，使用这个证书进行加密数据，然后用服务器端的私钥解密数据，公钥和私钥是成对出现的，所以一定要先生成私钥文件，然后在私钥的基础上，颁发证书，即颁发有认证机构盖章的公钥文件。

可以在大型的证书提供平台申请证书文件，但申请证书一般是收费的，为了方便教学，这里通过自己在本机签发证书的方式讲解生成私钥和证书的过程。

下面通过 openssl 命令生成一个私钥文件 server.key。

```
[root@node ~]# openssl genrsa -idea -out server.key 2048
```

结果如下：

```
Generating RSA private key, 2048 bit long modulus
..............+++
......................+++
e is 65537 (0x10001)
Enter pass phrase for server.key:
Verifying - Enter pass phrase for server.key:
```

genrsa 指定加密算法，idea 是一种加密方式，out 后是输出的文件名，这里是 server.key，2048 表示生成的私钥长度，生成私钥时需要输入私钥的密码。

2．基于私钥生成证书文件

下面使用 openssl req 命令在基于 server.key 私钥的基础上，生成自己签发的证书 server.crt。

```
[root@node ~]# openssl req -days 36500 -x509 -sha256 -nodes -newkey rsa:2048 -keyout server.key -out server.crt
Generating a 2048 bit RSA private key
.........+++
....+++
writing new private key to 'server.key'
-----
You are about to be asked to enter information that will be incorporated
into your certificate request.
What you are about to enter is what is called a Distinguished Name or a DN.
There are quite a few fields but you can leave some blank
For some fields there will be a default value,
If you enter '.', the field will be left blank.
-----
Country Name (2 letter code) [XX]:cn
State or Province Name (full name) []:ln
Locality Name (eg, city) [Default City]:sy
Organization Name (eg, company) [Default Company Ltd]:college
Organizational Unit Name (eg, section) []:com
Common Name (eg, your name or your server's hostname) []:aa
Email Address []:1@163.com
```

1）req 表示管理证书签名请求，这里是签名场景，需要用 new 表示生成一个 CA 证书文件或证书签名请求文件。

2）x509 是 CA 证书专属的参数，表示用来做证书签名。

3）key 表示指定私钥文件。

4）out 表示输出的证书文件。

5）day 表示证书的有效期。

6）-keyout 指定基于的私钥文件。

这样在/root 目录下就存在了私钥文件 server.key 和证书文件 server.crt。

3. 修改 Harbor 配置文件

打开 Harbor 的配置文件，去掉 9 到 15 行的注释符号#，并把证书文件和私钥文件分别添加到 certificate 行和 private_key 行。

```
https:
https port for harbor, default is 443
port: 443
 The path of cert and key files for nginx
 certificate: /root/server.crt
  private_key: /root/server.key
```

4. 重启 Harbor 仓库

```
[root@registry harbor]# docker rm -f $(docker ps -a -q)
```

首先删除之前启动的 Harbor 仓库容器，然后重新执行 install.sh 脚本文件。

```
[root@registry harbor]# ./install.sh
✔ ----Harbor has been installed and started successfully.----
```

成功地启动了 Harbor 仓库容器。

5. 使用 https 方式访问 Harbor 仓库

（1）使用 Windows 登录仓库

在 Windows 中使用浏览器访问 https://192.168.0.20，即使用证书加密方式进入 Harbor 的登录页面，如图 5-23 所示。

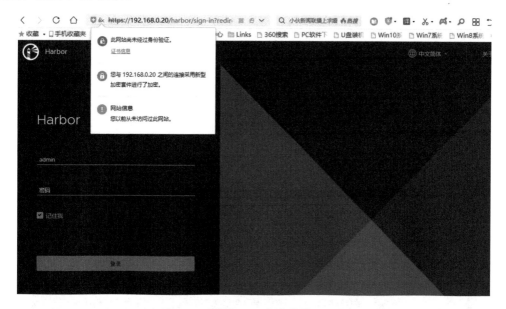

图 5-23　使用 https 方式登录 Harbor

在浏览器的 https 处单击，可以发现使用证书进行了身份验证和数据加密，其他使用方式和之前都是一样的。

（2）使用 https 方式登录 Harbor

在 Node 主机上，首先在/etc/docker 目录下建立子目录 cert.d，在 cert.d 目录下再建立服务器主机地址目录 192.168.0.20，然后把服务器 root 目录下的证书文件复制到 192.168.0.20 下。

```
[root@node docker]# mkdir -p cert.d/192.168.0.20
[root@node docker]#cd cert.d/192.168.0.20
[root@node 192.168.0.20]# scp root@192.168.0.20:/root/server.crt .
```

然后执行 docker login https://192.168.0.20，使用 https 方式登录 Harbor 私有仓库。

```
[root@node 192.168.0.20]# docker login https://192.168.0.20
Username: admin
Password:
WARNING! Your password will be stored unencrypted in /root/.docker/config.json.
Configure a credential helper to remove this warning. See
https://docs.docker.com/engine/reference/commandline/login/#credentials-store
Login Succeeded
```

输入用户名 admin 和密码 Harbor 后，就成功登录了 Harbor 仓库。

（3）推送镜像到 Harbor

登录完成后，其他操作和 http 方式是一样的，这里修改了一个 alpine 镜像名称，然后推送至 Harbor 仓库。

首先修改镜像名称：

```
[root@node ~]# docker tag alpine:latest 192.168.0.20/library/alpine:latest
```

然后推送镜像到仓库：

```
[root@node ~]# docker push 192.168.0.20/library/alpine:latest
```

结果如下：

```
The push refers to repository [192.168.0.20/library/alpine]
777b2c648970: Pushed
latest: digest: sha256:074d3636ebda6dd446d0d00304c4454f468237fdacf08f-b0eeac90bdbfa1bac7 size: 528
```

在浏览器上查看，发现 alpine:latest 镜像已经上传成功了，如图 5-24 所示。

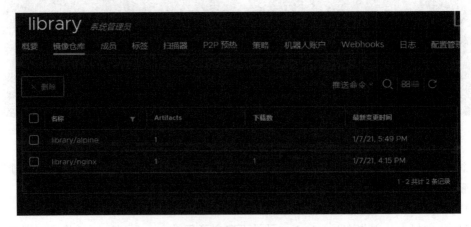

图 5-24　使用 https 方式成功推送镜像到 Harbor

任务拓展训练

1）使用 Registry 镜像创建私有仓库 myreg。
2）使用 Harbor 镜像创建私有仓库 myhar。
3）推送自己创建的 dami:v1 镜像到 myreg 上。
4）使用自己创建的 ssh:v1 镜像到 myhar 上。

项目小结

1）在命令行中下载的镜像都是从 Docker Hub 官网下载的，也可以推送镜像到 Docker Hub。
2）推送到 Docker Hub 官网上的前提是先注册账户，登录后创建仓库，推送镜像名称格式是账户名/仓库名:tag 标签。
3）在公司内部一般使用私有仓库，特点是速度快、保证代码安全。
4）Harbor 私有仓库比 Registry 私有仓库的功能更多。

习题

一、选择题

1. 以下关于 Docker Hub 的说法中，正确的是（　　）。
   A. 在命令行中下载 Docker Hub 公共镜像，首先要登录
   B. Docker Hub 仓库有公有仓库和私有仓库两种
   C. 在 Docker Hub 上只有一种免费服务模式
   D. 不注册账户就可以创建自己的 Docker Hub 仓库
2. 关于私有仓库的说法中，正确的是（　　）。
   A. 在任何情况下，都应该搭建自己的私有仓库
   B. 私有仓库可以完全替代 Docker Hub
   C. 私有仓库比较适合单位内部的合作场景
   D. 私有仓库必须先登录才能下载镜像
3. 以下关于 Harbor 私有仓库的说法中，正确的是（　　）。
   A. Harbor 私有仓库只能支持 http 方式访问
   B. Harbor 私有仓库只支持使用浏览器登录
   C. Harbor 私有仓库比 Registry 私有仓库的功能更多
   D. Harbor 私有仓库不能在 Github 上下载
4. 以下关于证书的说法中，不正确的是（　　）。
   A. 使用证书能够提高网站访问的数据安全
   B. 证书颁发机构一般是受信任的权威机构
   C. 证书和私钥是成对出现的
   D. 证书保存到服务器端

二、填空题

1. 平时在命令行下载镜像时，使用的是 Docker_____仓库。
2. 使用 Docker Hub 可以创建公有仓库和_____。
3. Harbor 私有仓库支持命令行登录和_____登录两种方法。
4. _____访问模式可以使数据传输更加安全。
5. _____仓库更适合企业内部合作使用。

项目 6　监控容器与限制资源

本项目思维导图

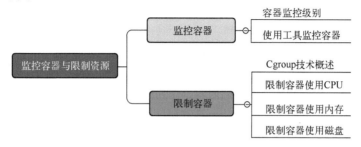

▶任务 6.1　监控容器

 学习情境

使用镜像创建运行容器后,需要掌握容器运行状态,这就需要使用工具对容器进行监控,技术主管要求你在宿主机上部署容器监控工具,实时掌控宿主机和容器的运行状态信息,及时发现线上应用隐患和问题。

 教学目标

知识目标:
1) 掌握容器监控的技术原理
2) 掌握 Cadvisor 监控工具的使用方法

能力目标:
1) 会部署 Cadvisor 监控工具
2) 会使用 Cadvisor 监控工具

教学内容

1) 监控容器常用工具
2) 使用 Cadvisor 工具监控容器

6.1.1　容器监控级别

容器监控主要有 3 个方面的内容:主机的监控、镜像的监控和运行容器的监控。

1. 监控主机

对于 Docker 的容器监控,主要以容器级别的监控为主。这里介绍了一些 Docker 主机级别的监控指标,通过这些指标可以从整体上了解主机的运行情况。

- 主机 CPU 情况和使用量。
- 主机内存情况和使用量。
- 主机上本地镜像情况。

- 主机上的容器运行情况。

2．监控镜像

作为容器的基础，需要对主机的镜像信息进行监控，镜像的相关信息一般为静态信息，可以反映主机上用于构建容器的基础情况，从底层来掌握和优化主机的容器。

镜像监控可以监控镜像的以下信息。

- 镜像的基本信息。
- 镜像与容器对应关系。
- 镜像构建的历史信息。
- 镜像的基本信息可以包括镜像的总数量、ID、名称、版本、大小等。

3．监控容器

在主机上运行的容器是监控最重要的内容，作为应用的直接载体，需要对容器的各类应用进行实时监控，保证应用的正常运行。Docker 在底层使用了 Linux 内核提供的资源机制 Namespace 和 Cgroup 支持容器的运行。通过这些机制，可以很方便地获取容器的各项监控指标。

（1）容器的基本信息

docker ps 命令可用于查看容器的基本信息。

（2）容器的运行状态

1) docker stats 命令可用于查看容器的运行状态。

2) 通过"GET /containers/(id)/stats"命令，可以实时监控启动中的容器的运行情况，包括 CPU、内存、块设备 I/O 和网络 I/O，这些信息都会定期刷新以显示最新的运行情况。

3) docker top 命令可以用来查看正在运行的容器中的进程运行情况，包括进程号、父进程号、命令等。

4) docker port 命令可用于查看容器与主机之间的端口映射关系信息。

（3）容器使用资源

容器使用资源信息是用户最关心的，也是监控中心最为复杂的部分，它可以统计容器的 CPU 使用率、内存使用量、块设备 I/O 使用量、网络使用情况等资源的使用情况，这一部分监控数据大多数都来源于 Cgroup 的限制文件。

6.1.2 使用工具监控容器

监控主机和容器的工具有很多，下面介绍使用命令行方式和 Cadvisor 工具监控容器状态。使用命令行方式只能监控容器的状态，不能监控主机和镜像的状态，而 Cadvisor 则可以进行全方位的监控，并提供图形操作界面。

6.1.2.1 使用命令行监控容器

1．启动一个内存资源限制 2GB 的 Nginx 容器

```
[root@localhost ~]# docker run -d --memory=2000M --name=nginx nginx:1.8.1
```

以上使用 nginx:1.8.1 镜像创建了一个名称为 nginx 的容器，通过使用选项 --memory=2000M 限制使用内存 2000MB。

2. 使用命令行监控容器运行状态

使用 docker stats 容器名称可以实时的监控容器运行状态

```
[root@localhost ~]# docker stats nginx
```

命名运行后，输出结果如图 6-1 所示。

```
CONTAINER ID   NAME    CPU %   MEM USAGE / LIMIT    MEM %   NET I/O     BLOCK I/O   PIDS
6ad070df3378   nginx   0.00%   1.305MiB / 200MiB    0.65%   656B / 0B   0B / 0B     2
```

图 6-1 监控容器 Nginx 运行状态

通过监控，发现容器内存使用限制是 200MB，还有其他的 CPU、NET I/O、BLOCK I/O、PIDS 信息。

通过命令监控容器看到的内容是比较少的，所以下面使用图形界面工具来监控主机和容器的全面信息。

6.1.2.2 部署 Portainer 监控容器

6-2 部署 Portainer 监控工具

Portainer 是一款可以监控主机、镜像、容器全面信息的监控工具，提供图形界面，使用方便。

1. 下载 Portainer 工具

```
[root@localhost ~]# docker pull docker.io/portainer/portainer
```

使用 docker pull 从 Docker Hub 官网下载了 portainer 镜像。

2. 运行 portainer 镜像

```
docker run -d -p 9000:9000 \
--restart=always \
-v /var/run/docker.sock:/var/run/docker.sock \
--name portainer \
docker.io/portainer/portainer
```

使用 docker run 运行了 portainer 镜像，容器名称是 portainer，映射容器 9000 端口到宿主机 9000 端口。

3. 使用 Portainer 工具

（1）进入首页面

关闭防火墙或者放行 9000 端口后，在宿主机上，使用 Chrome 浏览器，访问 192.168.0.20:9000 进入 portainer 首页面，如图 6-2 所示。

输入密码一个不少于 8 位的密码，单击 Create user，进入选择监控源页面，如图 6-3 所示。

在监控源中，选择第一项 Local，即监控本地，单击 Connect 按钮，连接到本地，进入主监控界面，如图 6-4 所示。

在主监控界面中，单击页面下边的 local 链接，可以看到本地镜像和容器的信息，如图 6-5 所示。

在默认显示的 Dashboard 菜单中，可以看到当前有 3 个容器，其中 2 个处于运行状态，一个处于停止状态，有 14 个 image 镜像、38 个 Volumes 挂载和 4 个网络。

图 6-2　portainer 首页

图 6-3　选择监控源

图 6-4　portainer 主监控界面

图 6-5　本地 docker 服务信息

（2）监控容器

在左侧的菜单中可以查看 Containers 容器信息，如图 6-6 所示。

图 6-6　本地容器信息

可以看到 3 个容器，其中两个运行，一个停止。选择一个容器后，可以进行开启、停止、重启容器等操作。

（3）监控镜像

单击左上角出现 Images 菜单，可以查看镜像详细信息，如图 6-7 所示。

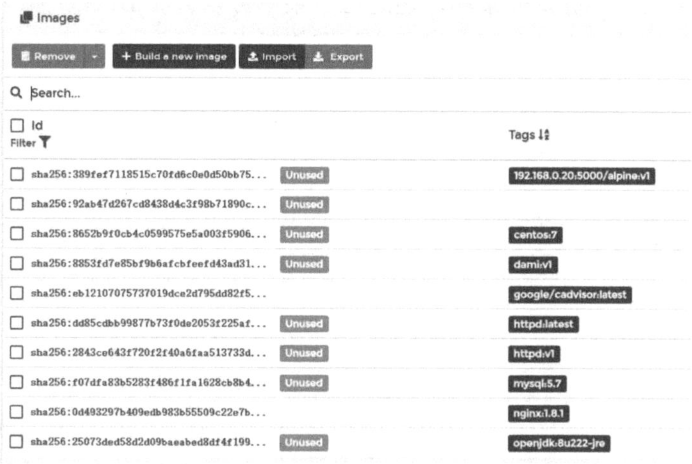

图 6-7　本地镜像信息

可以通过鼠标选择其中一个镜像，进行删除、导入、导出等操作。

单击 Networks 菜单，可以看到当前有 4 个网络，如图 6-8 所示。

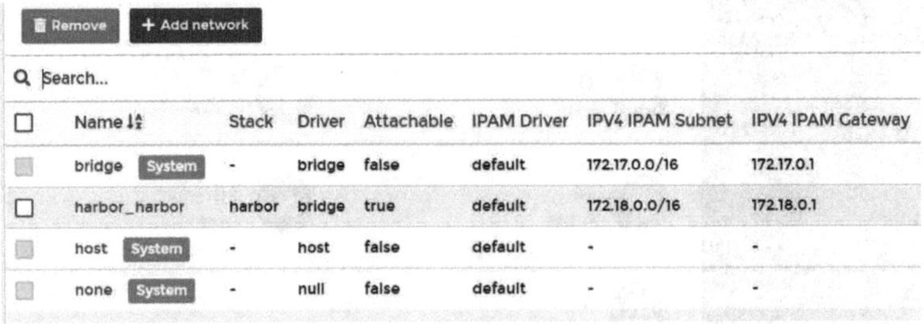

图 6-8　当前网络状态

同样，选择网络后，可以删除网络，也可以添加一个网络。

（4）监控挂载

单击 Volumes 菜单，可以查看当前的挂载信息，如图 6-9 所示。

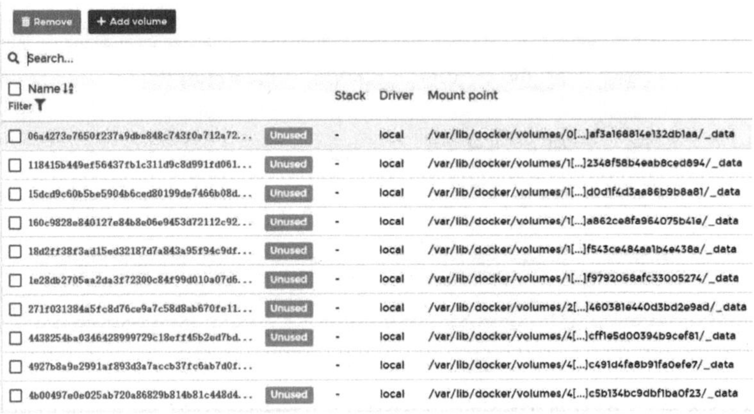

图 6-9　当前挂载信息

可以选择一个挂载后删除，或者增加一个 volume 挂载。

（5）监控事件

左侧的 Events 是一个重要的菜单，通过这个菜单可以查看 Docker 操作的详细记录，如图 6-10 所示。通过查看这个信息可以进行审计和排错了。

图 6-10　Docker 操作记录

（6）监控主机

通过 Host 菜单，可以查看 Docker 主机和服务概要信息，如图 6-11 所示。

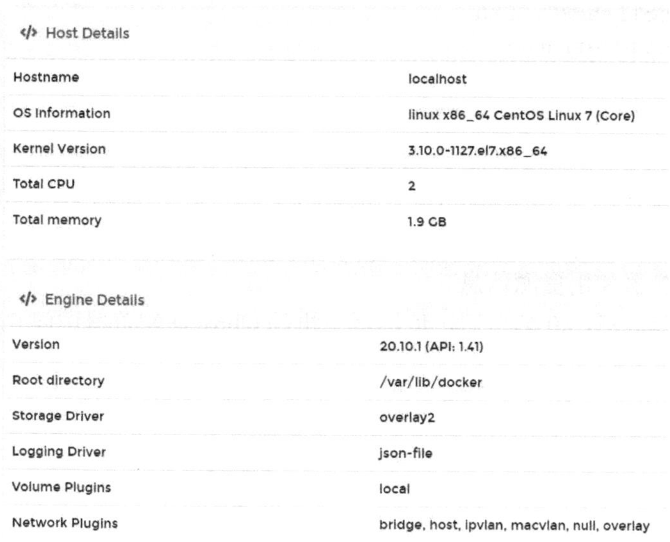

Host Details	
Hostname	localhost
OS Information	linux x86_64 CentOS Linux 7 (Core)
Kernel Version	3.10.0-1127.el7.x86_64
Total CPU	2
Total memory	1.9 GB

Engine Details	
Version	20.10.1 (API: 1.41)
Root directory	/var/lib/docker
Storage Driver	overlay2
Logging Driver	json-file
Volume Plugins	local
Network Plugins	bridge, host, ipvlan, macvlan, null, overlay

图 6-11 Docker 主机和服务信息

6.1.2.3 部署 Cadvisor 监控容器

Cadvisor 是一款非常优秀的由 Google 公司开发的容器监控工具，它的特点是能够实时监控容器使用的主机资源，并提供图形界面进行操作，可以帮助运维人员实时掌握主机和容器运行状态。

1. 下载 Cadvisor 镜像

```
[root@localhost ~]# docker pull google/cadvisor
```

结果如下：

```
Using default tag: latest
latest: Pulling from google/cadvisor
ff3a5c916c92: Pull complete
44a45bb65cdf: Pull complete
0bbe1a2fe2a6: Pull complete
Digest: sha256:815386ebbe9a3490f38785ab11bda34ec8dacf4634af77b891283-
2d4f85dca04
Status: Downloaded newer image for google/cadvisor:latest
docker.io/google/cadvisor:latest
```

通过 docker pull google/cadvisor 可以从 Docker Hub 官网下载 Cadvisor 工具的最新版本镜像。

2. 运行 Cadvisor 镜像

通过以下命令将 Cadvisor 镜像运行起来，容器的名称是 cadvisor。

```
docker run \
    --volume=/:/rootfs:ro \
    --volume=/var/run:/var/run:rw \
```

```
--volume=/sys:/sys:ro \
--volume=/var/lib/docker/:/var/lib/docker:ro \
--volume=/dev/disk/:/dev/disk:ro \
--publish=80:8080 \
--detach=true \
--name=cadvisor \
google/cadvisor:latest
```

这里命令比较长，所以使用\进行换行连接。使用--volume 将容器的需要持久化的目录进行了持久化，其中 ro 表示只读，rw 表示可读可写。映射容器的 8080 端口到宿主机的 80 端口。

3．监控所有容器使用资源信息

关闭防火墙或者放行 80 端口后，使用宿主机的 Chrome 浏览器访问 Cadvisor 的主页面。

（1）图标和子容器

在页面上部可以看到 Cadvisor 的图标和子容器链接，如图 6-12 所示。

图 6-12　Cadvisor 图标和子容器

在/docker 下是用户在本地运行的容器。

（2）CPU 和 Memory 概要信息

在 Isolation 下，可以看到 CPU 和 Memory（内存）的概要信息，如图 6-13 所示。

图 6-13　CPU 和 Memory 概要信息

（3）总体资源使用情况

在 Usage 下，通过仪表盘可以查看 CPU、内存、文件系统的使用情况，如图 6-14 所示。

图 6-14　通过仪表盘显示 CPU、内容、文件系统使用信息

（4）CPU 总体资源使用情况

在 Total Use 下可以看到 CPU 的所有内核使用信息，如图 6-15 所示。

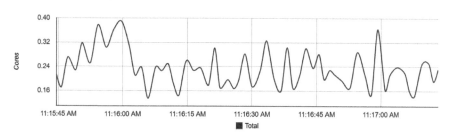

图 6-15　查看实时的 CPU 使用信息

（5）每个 CPU 内核使用情况

在 Usage per Core 下，可以查看每个 CPU 的每个内核使用情况，如图 6-16 所示。

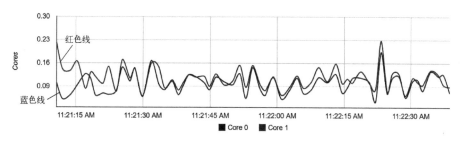

图 6-16　查看每个内核使用情况

蓝色线代表 Core0 第一个内核使用情况，红色线代表 Core1 第二个内核使用情况。

（6）CPU 分解监控信息

在 CPU 的 Usage Breakdown 下可以查看 CPU 的分解监控信息，如图 6-17 所示。

（7）内存监控信息

在 Memory 的 Total Usage 和 Usage Breakdown 下可以查看内存的使用信息，如图 6-18 所示。

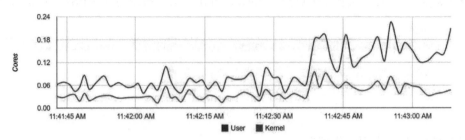

图 6-17　查看内核和用户使用 CPU 信息

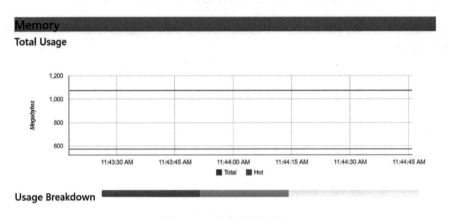

图 6-18　内存使用信息

（8）监控网络状态

在 Network 下，可以监控网卡的 Tx 发送字节信息和 Rx 接收字节信息，如图 6-19 所示。

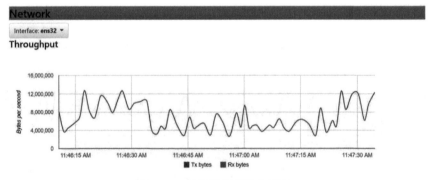

图 6-19　网络发送和接收信息

（9）子容器使用资源信息

在 Subcontainers 下，可以看到子容器使用资源情况，如图 6-20 所示。其中/docker 是用户运行的容器。

4．监控子容器使用资源信息

在子容器处，单击/docker 链接，可以查看到所有用户启动的容器，如图 6-21 所示。在该页面可以查看用户的容器使用资源情况。

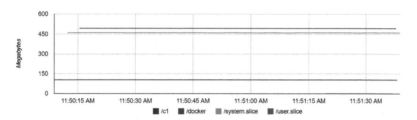

图 6-20　网络发送和接收信息

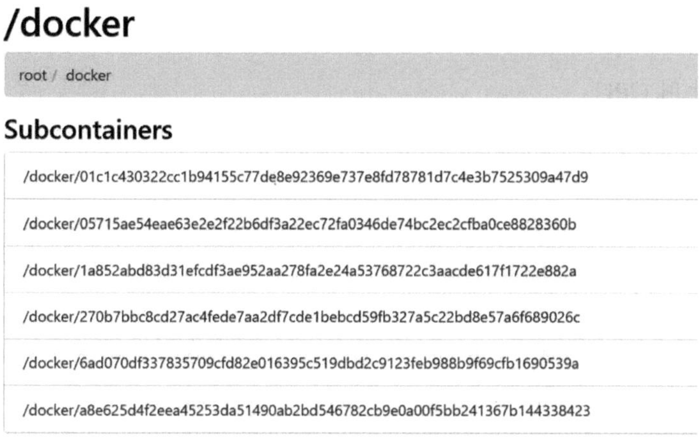

图 6-21　用户创建容器列表

5．监控单个容器使用资源信息

单击最后一个 a8e6 开头的容器，可以进入该容器界面，可以查看该容器使用资源情况，如图 6-22 所示。

图 6-22　单个容器使用资源页面

任务拓展训练

1）部署 Cadvisor 工具，监控 Docker 容器使用资源信息。
2）使用 Docker 下载 nginx:1.7.9 镜像，查看 Cadvisor 监控中 CPU 和内存变化情况。

▶任务 6.2　限制容器资源

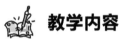 **学习情境**

生产环境下，在每台主机上通常要运行多个容器，如果个别容器使用的资源过多，其他容器就不能正常运行，所以要控制容器使用的资源。技术主管要求你会使用相关命令控制容器使用的 CPU、内存、磁盘资源。

 教学目标

知识目标：
1）掌握限制容器使用 CPU、内存、磁盘的方法
2）掌握 Stress 压力测试工具的使用方法
能力目标：
1）会限制容器使用 CPU、内存、磁盘资源
2）会使用 Stress 压力测试工具

教学内容

1）限制容器使用 CPU
2）限制容器使用内存
3）限制容器使用磁盘

6.2.1　Cgroup 技术概述

Docker 是基于 Namespace、Cgroup 和 UnionFS 三大底层技术实现的，限制容器使用资源，底层依赖的是 Cgroup 技术。

1. Cgroup 介绍

Cgroup 是 Control Group 的缩写，是 Linux 内核提供的一种机制，可以限制、记录、隔离进程组所使用的物理资源，如 CPU、内存、I/O 等，2007 年进入 Linux 2.6.24 内核，Cgroup 将进程管理从 Cpuset 中剥离出来，是 LXC 为实现虚拟化所使用的资源管理手段。

2. Cgroup 功能

Cgroup 控制组提供了以下功能。
- 限制进程组可以使用的资源数量，内存子系统可以为进程组设定一个内存使用上限，一旦进程组使用的内存达到限额再申请内存，就会出发内存超出警告。
- 进程组的优先级控制，可以使用 CPU 子系统为某个进程组分配特定 CPU Share。
- 记录进程组使用的资源数量，可以使用 Cpuacct 子系统记录某个进程组使用的 CPU 时间。

- 进程组隔离，使用 NS 子系统可以使不同的进程组使用不同的 Namespace，以达到隔离的目的，不同的进程组有各自的进程、网络、文件系统挂载空间。
- 进程组控制，使用 Freezer 子系统可以将进程组挂起和恢复。

6.2.2 限制容器使用 CPU

6.2.2.1 构建 Stress 镜像

Stress 工具能够灵活指定运行的进程数量，是很好的资源利用测试工具，这里首先构建一个 Stress 镜像，然后再使用这个工具来实现限制容器资源的操作。

1. 编写 Dockerfile

在/root 目录下，建立 stress 目录，在该目录下，创建 Dockerfile 文件，打开 Dockerfile 文件，在文件中输入以下 Dockerfile 指令，操作如下：

```
[root@localhost ~]# mkdir stress
[root@localhost ~]# cd stress/
[root@localhost stress]# vim Dockerfile
#指定基础镜像
FROM centos:7
#安装 wget 工具
RUN yum install wget -y
#下载扩展源
RUN wget -O /etc/yum.repos.d/epel.repo http://mirrors.aliyun.com/repo/epel-7.repo
#安装 stress 软件
RUN yum install -y stress
```

2. 构建 stress 镜像

使用 docker build -t 命令构建 stress:latest 镜像。

```
[root@localhost stress]# docker build -t stress:latest .
```

结果如下：

```
Sending build context to Docker daemon  2.048kB
Step 1/4 : FROM centos:7
 ---> 8652b9f0cb4c
Step 2/4 : RUN yum install wget -y
Step 3/4 : RUN wget -O /etc/yum.repos.d/epel.repo http://mirrors.aliyun.com/ repo/epel-7.repo
Step 4/4 : RUN yum install -y stress
 ---> Running in 8af02c024c23
Complete!
Removing intermediate container 8af02c024c23
 ---> 20b4ae7650b8
```

```
Successfully built 20b4ae7650b8
Successfully tagged stress:latest
```

以上经过四个步骤成功地构建了 stress:latest 镜像。

6.2.2.2 限制容器使用 CPU 资源

1. 使用--cpu-shares 限制容器使用 CPU 份额

当运行 Docker 容器时,使用--cpu-shares 可以设置容器使用 CPU 的份额,默认情况下,每个 Docker 容器使用的 CPU 份额都是 1024,在同时运行多个容器时,设置每个容器使用 CPU 的份额,容器的 CPU 份额加权效果就能体现出来,比如设置容器 1 的--cpu-shares 是 50,容器 2 的--cpu-shares 是 100。那么,这两个容器使用 CPU 的份额比就是 1∶2,即抢占 CPU 时间片的能力,容器 2 中进程是容器 1 中进程的 2 倍。

(1)使用 stress 镜像运行两个容器

通过 stress 镜像创建了两个容器,第一个容器 CPU 份额是 50,第二个容器的 CPU 份额是 100,那么这两个容器使用 CPU 的份额比是 1∶2,操作如下:

```
[root@localhost stress]# docker run -itd --name cpu50 --cpu-shares 50 stress stress
-c 10
abae2b8a3a8fd9d3a41e1eb380d5b6ac53cf0472e9ba7a9257593ce716077d51
```

使用--cpu-shares 50 设置 CPU 份额是 50。

```
[root@localhost stress]# docker run -itd --name cpu100 --cpu-shares 100 stress stress -c 10
b619e36221f7d50e702fb6a841f90056a7cfca26a2f586a65532caad9483f0b6
```

使用--cpu-shares 100 设置 CPU 份额是 100。

(2)测试两个容器的 CPU 份额

使用 docker exec 命令进入第一个容器,然后使用 top 命令查看该容器进程信息。

```
[root@localhost stress]# docker exec -it aba /bin/bash
[root@abae2b8a3a8f /]# top
```

进入第一个容器,使用 top 命令查看进程信息,结果如图 6-23 所示。

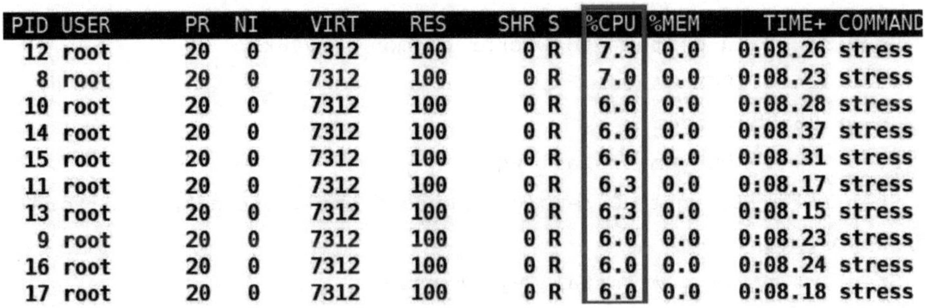

```
PID USER      PR  NI    VIRT    RES    SHR S %CPU %MEM     TIME+ COMMAND
 12 root      20   0    7312    100      0 R  7.3  0.0   0:08.26 stress
  8 root      20   0    7312    100      0 R  7.0  0.0   0:08.23 stress
 10 root      20   0    7312    100      0 R  6.6  0.0   0:08.28 stress
 14 root      20   0    7312    100      0 R  6.6  0.0   0:08.37 stress
 15 root      20   0    7312    100      0 R  6.6  0.0   0:08.31 stress
 11 root      20   0    7312    100      0 R  6.3  0.0   0:08.17 stress
 13 root      20   0    7312    100      0 R  6.3  0.0   0:08.15 stress
  9 root      20   0    7312    100      0 R  6.0  0.0   0:08.23 stress
 16 root      20   0    7312    100      0 R  6.0  0.0   0:08.24 stress
 17 root      20   0    7312    100      0 R  6.0  0.0   0:08.18 stress
```

图 6-23 第一个容器的进程信息

然后进入第二个容器,使用 top 命令查看进程信息,结果如图 6-24 所示。

```
[root@localhost stress]# docker exec -it b6 /bin/bash
```

```
[root@b619e36221f7 /]# top
PID USER      PR  NI    VIRT    RES    SHR S  %CPU %MEM     TIME+ COMMAND
 13 root      20   0    7312    100      0 R  15.0  0.0   0:15.40 stress
 14 root      20   0    7312    100      0 R  14.6  0.0   0:15.04 stress
 16 root      20   0    7312    100      0 R  14.3  0.0   0:15.53 stress
 11 root      20   0    7312    100      0 R  14.0  0.0   0:15.27 stress
  8 root      20   0    7312    100      0 R  12.6  0.0   0:15.31 stress
 10 root      20   0    7312    100      0 R  12.6  0.0   0:14.54 stress
  7 root      20   0    7312    100      0 R  12.3  0.0   0:14.58 stress
  9 root      20   0    7312    100      0 R  12.3  0.0   0:15.18 stress
 12 root      20   0    7312    100      0 R  12.3  0.0   0:14.62 stress
 15 root      20   0    7312    100      0 R  12.3  0.0   0:14.91 stress
```

图 6-24　第二个容器的进程信息

发现第二个容器的 10 个进程与第一个容器的 10 个进程占用 CPU 的比值基本上是 2∶1。

这里需要注意的是，Cgroup 只在容器分配资源紧缺时对容器使用的资源限制才会生效，无法单纯根据某个容器的 CPU 份额来确定有多少 CPU 资源分配给它，资源分配结果取决于同时运行的其他容器的 CPU 分配和容器中进程的运行情况。

2．使用--cpu-period、--cpu-quota 控制容器 CPU 时钟周期

（1）参数说明

● --cpu-period 选项用来指定容器对 CPU 的使用多长时间做一次重新分配。

● --cpu-quota 选项用来指定在这个周期内，指定运行容器的最长时间。

关于这两个选项的注意事项如下。

1）与--cpu-shares 配置不同的是，这两个选项配置的是一个绝对值，容器占用的 CPU 资源绝对不会超过配置值。

2）cpu-period 和 cpu-quota 的单位是微秒，cpu-period 的最小值是 1000μs，最大值是 1s，默认值为 0.1s，1 000 000μs 是 1s。

3）cpu-quota 的值默认是-1，表示不做控制。

cpu-period 和 cpu-quota 参数一般联合使用，容器进程需要每 1s 使用单个 CPU 的 0.2s 时间，可以将 cpu-period 设置为 1 000 000（即 1s），cpu-quota 设置为 200 000（0.2s）。

（2）控制容器 CPU 时钟周期

```
[root@localhost ~]# docker run --name=cputime -itd  --cpu-period 200000
--cpu-quota 100000 stress
    93ec277a414b723cf8b58202e0cf9a46253bcfae368dd982d3b7a042037a9ede
```

以上运行了一个容器 cputime，指定这个容器在 0.2s 刷新时间内，占用 CPU 的时间是 0.1s。

（3）进入 Cgroup 容器目录查看

Cgroup 的配置文件目录是/sys/fs/cgroup，在该目录下有各种限制资源子目录，进入 Docker 容器目录，可以找到以容器 ID 命名的目录，在这个目录下，可以通过 cpu.cfs_period_us 和 cpu.cfs_quota_us 文件。Cgroup 就是通过这两个文件的相应值实现资源控制和查询的。操作如下：

```
[root@localhost ~]# cd /sys/fs/cgroup/cpu/docker/93ec277a414b723cf8b58-
202e0cf9a46253bcfae368dd982d3b7a042037a9ede/
    [root@localhost ~] 93ec277a414b723cf8b58202e0cf9a46253bcfae368dd982d3b7-
a042037a9ede]# cat cpu.cfs_period_us
```

结果如下：

```
200000
```

通过显示 cpu.cfs_period_us 文件查询到该容器的时钟周期是 0.2s。

```
[root@localhost 93ec277a414b723cf8b58202e0cf9a46253bcfae368dd982d-
3b7a042037a9ede]# cat cpu.cfs_quota_us
```

结果如下：

```
100000
```

通过显示 cat cpu.cfs_quota_us 文件查询到该容器在时钟周期内使用 CPU 0.1s。

3．使用--cpuset-cpus 指定内核数

对于多核 CPU 服务器，通过设置 --cpuset-cpus 参数，可以控制容器运行时使用哪个 CPU 内核，这对具有多个 CPU 的服务器尤其有用，可以对需要高性能计算的容器进行性能最优配置，即让一个容器可以使用多个 CPU 内核，满足该容器高性能计算的要求。

（1）指定容器使用两个 CPU 内核

```
[root@localhost ~]# docker run -itd --name cpu2 --cpuset-cpus 0-1 stress stress -c 10
```

以上通过设置--cpuset-cpus 0-1，设置了使用 2 个 CPU 内核，即内核 1 和内核 2 来处理容器的进程，注意 0 代表第一个内核，1 代表第二个内核，以此类推，使用多个内核用-连接。

（2）查看内核使用数

进入容器后，使用 top 查看，运行结果如图 6-25 所示。

```
top - 11:11:53 up 5 min,  0 users,  load average: 8.18, 6.11, 2.66
Tasks:  13 total,  11 running,   2 sleeping,   0 stopped,   0 zombie
%Cpu(s): 50.0 us,  0.0 sy,  0.0 ni, 49.9 id,  0.0 wa,  0.0 hi,  0.1 si,  0.0
KiB Mem :  1863040 total,  1057876 free,   398152 used,   407012 buff/cache
KiB Swap:  2097148 total,  2097148 free,        0 used.  1309196 avail Mem

  PID USER      PR  NI    VIRT    RES    SHR S  %CPU %MEM     TIME+ COMMAND
   13 root      20   0    7312     96      0 R  20.3  0.0   0:02.37 stress
   15 root      20   0    7312     96      0 R  20.3  0.0   0:02.38 stress
    8 root      20   0    7312     96      0 R  19.9  0.0   0:02.37 stress
    9 root      20   0    7312     96      0 R  19.9  0.0   0:02.38 stress
   10 root      20   0    7312     96      0 R  19.9  0.0   0:02.38 stress
   11 root      20   0    7312     96      0 R  19.9  0.0   0:02.37 stress
   12 root      20   0    7312     96      0 R  19.9  0.0   0:02.37 stress
   14 root      20   0    7312     96      0 R  19.9  0.0   0:02.37 stress
   16 root      20   0    7312     96      0 R  19.9  0.0   0:02.49 stress
   17 root      20   0    7312     96      0 R  19.9  0.0   0:02.37 stress
    1 root      20   0    7312    628    532 S   0.0  0.0   0:00.03 stress
```

图 6-25　CPU 占用 50%

本虚拟机是 2 个 CPU，每个 CPU 有 2 个内核，如图 6-26 所示。所以以上容器占用 2 个 CPU 内核，CPU 的使用率自然就是 50%了。

图 6-26　虚拟机的 CPU 内核数

（3）进入容器查看内核使用情况

```
[root@localhost ~]# docker exec -it bb /bin/bash
[root@bb8e101e44f5 /]# cat /sys/fs/cgroup/cpuset/cpuset.cpus
0-1
```

进入容器后，通过检查 Cgroup 中的 CPU 内核设置文件，可以发现该容器使用了第一个和第二个内核。

6.2.3 限制容器使用内存

6.2.3.1 限制容器内存选项

1．限制内存选项

容器内存限制就是对容器能使用的实际内存和交换分区大小进行限制，运行容器时使用以下两条规则限制使用的内存大小。

1）-m 是-memory 的简写，-m 选项是实际内存大小，最小设置是 4MB。

2）-memory-swap 是内存加交换分区的总大小，所以-memory-swap 必须比-m 大。

2．选项设置方式

在这两条规则下，有如下 4 种设置方式。

（1）不设置

如果不设置-m 和-memory-swap，容器默认可以用完宿主机的所有内存和 swap 分区。需要注意的是，如果没有设置-00m-kill-disable=true，容器占用宿主机的所有内存和 swap 分区超过一段时间后，会被宿主机系统杀掉。

（2）设置-m 为 a，-memory-swap 为 b

给-m 设置一个值 a，给-memory-swap 设置一个值 b，a 是容器能使用的内存大小，b 是容器能使用的内存和 swap 交换分区的和。所以 b 必须大于 a。b-a 即为容器能使用的 swap 分区大小。

（3）设置-m 为 a，不设置-memory-swap

给-m 设置一个值 a，不设置-memory-swap。容器能使用的内存大小为 a，能使用的交换分区大小也为 a。因为 Docker 默认容器交换分区的大小和内存相同，而-memory-swap 是内存与交换分区的和，所以-memory-swap 的值是 2a。如果在容器中运行一个不停申请内存的程序，该程序最终能占用的内存大小为 2a。

（4）设置-m 为 a，-memory-swap 为-1

给-m 参数设置一个正常值，而给-memory-swap 设置成 -1。这种情况表示限制容器能使用的内存大小为 a，而不限制容器能使用的 swap 分区大小，这时容器进程能申请到的内存大小为 a 加上宿主机交换分区的和。

6.2.3.2 限制容器内存实践

1．下载 progrium/stress 镜像

因为 progrium/stress 工具可以使用进程申请内存资源，所以首先下载这个镜像。

2．分配容器进程够用的内存

```
[root@localhost ~]# docker run -it -m 100M --memory-swap=200M progrium/stress --vm 1 --vm-bytes 150M
```

这里在运行 progrium/stress 镜像创建容器时，分配给该容器的内存是 100MB，内存加交换分区一共 200MB，其中-vm 1 的作用是启动 1 个内存工作线程，-vm-bytes 的作用是为每个线程分配 150MB 内存。

因为这个容器只运行了一个进程，每个进程分配 150MB 内存，所以小于容器的分配的 --memory-swap=200MB，只要小于这个值，就能够满足容器运行的需求。

在容器运行的最下边发现容器分配了足够的内存，可以正常运行，如图 6-27 所示。

```
stress: dbug: [7] freed 157286400 bytes
stress: dbug: [7] allocating 157286400 bytes ...
stress: dbug: [7] touching bytes in strides of 4096 bytes ...
```

图 6-27 分配了足够的内存

复制一个终端，查看容器信息，可以发现容器已经是 UP 运行状态了。

```
[root@localhost ~]# docker ps -a
CONTAINER ID    IMAGE           COMMAND                CREATED              STATUS
57a2a7d6ec34    progrium/stress "/usr/bin/stress --v…"  About a minute ago   Up About a minute
```

3. 分配容器进程不够用的内存

```
[root@localhost ~]# docker run -it -m 100M --memory-swap=200M progrium/stress --vm 2 --vm-bytes 120M
```

结果如下：

```
stress: info: [1] dispatching hogs: 0 cpu, 0 io, 2 vm, 0 hdd
stress: dbug: [1] using backoff sleep of 6000us
stress: dbug: [1] --> hogvm worker 2 [7] forked
stress: dbug: [1] using backoff sleep of 3000us
stress: dbug: [1] --> hogvm worker 1 [8] forked
stress: dbug: [8] allocating 125829120 bytes ...
stress: dbug: [8] touching bytes in strides of 4096 bytes ...
stress: dbug: [7] allocating 125829120 bytes ...
stress: dbug: [7] touching bytes in strides of 4096 bytes ...
stress: FAIL: [1] (416) <-- worker 8 got signal 9
stress: WARN: [1] (418) now reaping child worker processes
stress: dbug: [1] <-- worker 7 reaped
stress: FAIL: [1] (452) failed run completed in 1s
```

以上运行容器时，启动了 2 个进程，每个进程分配 120MB 的内存，一共是 240MB 内存，大于 --memory-swap 的 200MB，所以可以看到最后一行 stress: FAIL: [1] (452) failed run completed in 1s，提示容器运行失败了。

6.2.4 限制容器使用磁盘

6-5 控制容器使用磁盘

默认情况下，所有容器平等地读写磁盘，可以通过设置 --blkio-weight 参数来改变容器 Block I/O 读写磁盘的优先级，-blkio-weight 设置的也是相对权重值，默认为 500。

1. 设置容器 diska 是容器 diskb 读写磁盘权重的 2 倍

```
[root@localhost ~]# docker run -itd --name diska --blkio-weight 800 stress
aaa9fefd29acde23370b00dc712947261648b8324ab471534da607d602ebd89e
```

设置--blkio-weight 的值为 800。

```
[root@localhost ~]# docker run -itd --name diskb --blkio-weight 400 stress
75ff21368a77d21332ba6786c5808965f916762229954427645d6c0e05769403
```

设置--blkio-weight 的值为 400。

通过设置容器 diska 的 --blkio-weight 值是 800，设置 diskb --blkio-weight 值是 400，那么容器 diska 读写磁盘的权重就是容器 diskb 的 2 倍。注意这里设置的是相对权重，只有在 diska 和 diskb 争夺磁盘资源时，才能体现出两者关系，只有一个容器运行时，是无法体现的。

2．设置 bps 和 iops

（1）设置选项

bps 全称是 byte per second，每秒读写的数据量。

iops 全称是 io per second，每秒读写 I/O 的次数。

可以通过以下的参数来控制 bps 和 iops：

1）device-read-bps：限制读某个设备的 bps。

2）device-write-bps：限制写某个设备的 bps。

3）device-read-iops：限制读某个设备的 iops。

4）device-write-iops：限制写某个设备的 iops。

（2）限制容器写 /dev/sda 磁盘的速率为 10MB/s

在运行容器时设置--device-write-bps 可以设置针对某个磁盘的读写速度。

```
[root@localhost /]# docker run --name=10m -itd --device-write-bps /dev/sda:10MB stress
11c3a135d3657829ab025b1a5f90be4ccc836a24317374d2f9d8d33144b8c1e5
```

进入容器后，使用 dd 工具生成 test 文件，每次写入 1MB，写入 100 次，oflag=direct 表示直接向磁盘写入，不使用缓存。

```
[root@localhost /]# docker exec -it 11 /bin/bash
[root@11c3a135d365 /]# dd if=/dev/zero of=test bs=1M count=100 oflag=direct
100+0 records in
100+0 records out
104857600 bytes (105 MB) copied, 9.95236 s, 10.5 MB/s
```

发现磁盘写入速度是 10.5MB，和设置的值基本一致。

 任务拓展训练

1）创建容器 A 和容器 B，限制它们访问 CPU 份额的权重是 2:1。
2）创建容器 C，使用 CPU 的第一个内核。
3）创建容器 D，限制使用内存 200MB，内存总和 500MB。
4）创建容器 E，限制容器读取磁盘/dev/sda 的速度是 100MB。

 项目小结

1）--cpu-shares 的默认值是 1024，是相对权重设置，只有设置了多个容器，并且发生资源争夺时，才能体现出效果。

2）注意-memory-swap 不是交换分区的值，而是实际内存和交换分区的和。

3）-blkio-weight 类似--cpu-shares，也是相对权重设置。

4）可以给一个性能需求高的容器使用多个 CPU 内核。

▶ 习题

一、选择题

1. 以下关于监控容器的说法中，不正确的是（　　）。
   A．容器监控只能监控容器本身
   B．监控容器的维度是主机、镜像、容器
   C．Portainter 工具适合监控主机上的各种资源
   D．Cadvisor 工具适合监控主机各种资源的实时使用状态

2. 关于 CPU 资源限制的说法中，正确的是（　　）。
   A．限制 CPU 资源，只能针对使用时间做限制
   B．限制 CPU 资源，只能针对使用内核数做限制
   C．--cpu-shares 选项在任意情况下都能显示容器使用权重
   D．可以针对使用时间、内核数、权重等多种情况限制 CPU 资源

3. 以下关于限制内存资源的说法中，正确的是（　　）。
   A．限制内存资源只能限制实际使用内存
   B．-memory-swap 是交换分区内存
   C．-memory-swap 的设置要大于-m 设置
   D．只要容器大于-m 内存限制，就会退出

4. 以下关于磁盘资源限制说法中，不正确的是（　　）。
   A．device-read-bps 是限制读某个设备的 bps
   B．device-write-bps 是限制写某个设备的 bps
   C．device-read-iops 限制读某个设备的 iops
   D．-blkio-weight 的默认值是 1024

二、填空题

1. --cpu-shares 的默认值是_____。
2. -blkio-weight 的默认值是_____。
3. -memory-swap 的设置要_____-m 值的设置。
4. _____技术是限制资源的底层技术。
5. 当分配的容器内存大于-m，小于-memory-swap 时，容器会_____。

项目 7　Docker-Compose 单机编排容器

本项目思维导图

任务 7.1　编排 Wordpress 博客应用

学习情境

使用命令行启动容器是比较烦琐的，更重要的是当多个容器间存在依赖关系的时候，要考虑先启动哪个，后启动哪个，更是烦琐。技术主管要求你使用 Docker-Compose 技术解决多容器之间的依赖问题。

教学目标

知识目标：
1）掌握 Docker-Compose 的作用
2）掌握 Docker-Compose 的使用方法

能力目标：
1）会安装 Docker-Compose 工具
2）会使用 Docker-Compose 部署 Wordpress 博客

教学内容

1）安装 Docker-Compose
2）使用 Docker-Compose 部署 Wordpress 博客系统

7.1.1　安装 Docker-Compose

7-1 安装 Docker-Compose

Docker-Compose 项目是 Docker 官方开源项目，负责实现单个主机 Docker 容器集群快速编排，开源代码在 https://github.com/docker/compose 上。

使用 Docker 命令可以启动一个单独的应用容器，在实际工作中，经常需要多个容器相互配合来完成某项工作任务，如 Web 服务容器，往往会在前端加上负载均衡器，在后端加上数据库容器。

Docker-Compose 通过编写一个 yml 文件来定义多个容器服务,把多个服务按照先后顺序启动,同时支持容器的扩容和缩容操作,实现集群的自动化部署。

1．安装 Docker-Compose

1）下载扩展源。

```
[root@registry ~]# wget -O /etc/yum.repos.d/epel.repo http://mirrors.aliyun.com/repo/epel-7.repo
```

下载扩展源之后在 /etc/yum.repos.d 目录下就多了 Centos 的扩展源配置,在扩展源中提供了很多软件,Docker-Compose 软件就在扩展源中。

2）安装 Docker-Compose。

```
[root@registry ~]# yum install docker-compose -y
```

在安装结束后,就会显示如下内容,说明安装成功了。

```
docker-compose.noarch 0:1.18.0-4.el7
```

3）查看 Docker-Compose 版本。

```
[root@localhost ~]# docker-compose --version
docker-composeversion 1.18.0, build 8dd22a9
```

通过查看,发现 Docker-Compose 的版本是 1.18.0。

2．定义 Docker-Compose 模板

Docker-Compose 通过定义模板文件来编排多个容器,默认的模板文件名称是 Docker-Compose.yml,在模板文件中,需要定义 version、services、networks、volumes 等部分内容,其中最重要的内容就是定义服务。

（1）定义 version（版本）

Docker-Compose 和 Docker 版本的关系如表 7-1 所示。

表 7-1 Docker-Compose 与 Docker 版本对应关系

Compose 文件格式版本	Docker 版本
3.4	17.09.0+
3.3	17.06.0+
3.2	17.04.0+
3.1	1.13.1+
3.0	1.13.0+
2.3	17.06.0+
2.2	1.13.0+
2.1	1.12.0+
2.0	1.10.0+
1.0	1.9.1.+

从表中可以看出，从 Docker 1.13.0 版本以后，对应支持的 Docker-Compose 版本就是 3.0 以上了，现在的 Docker 版本都高于 1.13 了，所以现在定义 Docker-Compose 版本时，都使用 3.0 或者以上版本。

（2）定义 services（服务）

定义 services 服务有两种方法：通过 image 或者 build 方法。image 方法是直接指定镜像，build 是通过 Dockerfile 构建。

1）image 指令：通过 image 指令指定镜像名称或镜像 ID，如果镜像在本地不存在，Compose 将会尝试拉取这个镜像。

2）build 指令：使用 build 指令指定 Dockerfile 来自动构建服务，如果使用 build 指令，在 Dockerfile 中设置的选项如 CMD、EXPOSE、VOLUME、ENV 等会自动被获取，无须在 Docker-Compose.yml 中再次设置。

（3）定义 networks（网络）

使用 networks 定义网络，可以使不同的应用程序得以在相同的网络中运行，从而解决网络隔离问题，通常把集群中需要通信的服务定义在一个网络，不需要通信的定义在不同网络，这样就节省了非必要的网络流量。

（4）定义 volumes（存储）

使用 volumes 定义存储，可以把容器服务中的内容持久化到宿主机。

3．编写 Docker-Compose 编排 nginx 服务

首先在 /root 目录下建立一个 nginx 目录（名称自己定义），然后进入目录建立默认的 Docker-Compose 模板文件，名称为 Docker-Compose.yml，使用 vim 打开 Docker-Compose.yml，输入以下内容。

```
version: '3'
services:
  web:
    image: nginx:1.8.1
    ports:
     - 80:80
```

（1）语义分析

首先使用 version 定义了版本，在 services 中定义了一个 Web 服务，这个 Web 服务使用的镜像是 nginx:1.8.1，将容器的 80 端口映射到了宿主机的 80 端口。

（2）输写格式分析

输写格式是初学者经常出问题的地方，首先把顶级的指令 version、services 和以后要使用的 networks、volumes 指令写在同一列，下一级内容要进行缩进（缩进多少自己控制，但同级内容要在同一列，如这里的 image 和 ports）。

在 version 后需要加上冒号、空格，然后书写版本号，在版本号上要加上单引号或者双引号。

在 services 指令下定义了一个服务 Web，因为这个服务包括很多内容，所以在 Web 后边加上冒号直接换行定义具体内容，在定义 image 时，因为只有一个值是 nginx:1.8.1，所以直接在 image 后加冒号书写就可以了，但在冒号的后边一定加上一个空格再输入 nginx:1.8.1。

在 ports: 后添加开放端口。可能需要开放多个端口,所以需要换行,然后在每行开头写上-,加上空格,再书写映射的端口。

1)基于 docker-compose.yml 启动服务。

编写完 docker-compose.yml 后,就可以在这个目录下使用 docker-compose up 基于这个服务编排文件启动服务了,如果让服务容器运行在后台,加上-d 选项,命令会自动查找此目录下的 docker-compose.yml 文件,自动启动服务。

```
[root@localhost nginx]# docker-compose up -d
Creating network "nginx_default" with the default driver
Creating nginx_web_1 ... done
```

通过启动过程发现,服务使用默认驱动创建了一个 nginx_default 网络,然后启动了 nginx_web_1 容器,这个 Nginx 是目录名称,Web 是定义的服务名称,_1 代表第一个服务,如果需要定义容器的具体名称,可以在 Docker-Compose.yml 文件中定义。

2)查看服务。

① 首先通过 docker-compose ps 查看运行的容器。

```
[root@localhost nginx]# docker-compose ps
    Name              Command            State           Ports
-----------------------------------------------------------------------
nginx_web_1    nginx -g daemon off;       Up      443/tcp, 0.0.0.0:80->80/tcp
```

发现 nginx_web_1 已经启动了。

② 然后查看创建的网络。

```
[root@localhost nginx]# docker network ls
NETWORK ID         NAME              DRIVER      SCOPE
44e6eefafb64    nginx_default         bridge      local
```

③ 在 Windows 中使用浏览器访问 http://192.168.0.20(服务器地址),结果如图 7-1 所示。

图 7-1 成功访问 nginx 服务

4. 在 docker-compose.yml 文件中编排 mysql 服务

(1)编写 docker-compose.yml 文件

首先在/root 目录下建立 mysql 目录,在 mysql 目录中,创建文件 docker-compose.yml,打开 docker-compose.yml 文件,输入以下内容。

```yaml
version: '3'
services:
  mysql:
     image: mysql:5.7
     networks:
       - mynet
     ports:
       - 3306:3306
     environment:
       MYSQL_ROOT_PASSWORD: 1
networks:
  mynet:
    driver: bridge
```

1）语义分析。

首先使用 version、services、networks 定义了版本、服务、网络。然后在服务中，定义了一个服务 mysql，使用的镜像是 mysql:5.7，使用的网络是 mynet。映射服务的 3306 端口到宿主机的 3306 端口，使用环境变量设置 root 用户的密码是 1。

在 networks 指令中，定义了 mynet 网络，使用的驱动是 bridge 桥接网络。

2）语法分析。

首先将 version、services、networks 写在最左列并对齐，注意在 MySQL 服务中，使用 environment 环境变量时，在 MYSQL_ROOT_PASSWORD 前边不要加-。

（2）基于 docker-compose.yml 启动服务

基于 docker-compose.yml 文件启动 mysql 服务

```
[root@localhost mysql]# docker-compose up -d
Creating network "mysql_mynet" with driver "bridge"
Creating mysql_mysql_1 ... done
```

启动服务时，首先创建了 mysql_mynet 网络，然后启动了 mysql_mysql_1 容器服务。

（3）查看服务

1）查看服务容器。

```
[root@localhost mysql]# docker-compose ps
   Name              Command              State              Ports
-------------------------------------------------------------------------
 mysql_mysql_1   docker-entrypoint.sh mysqld   Up   0.0.0.0:3306->3306/tcp,
33060/tcp
```

通过 docker-compos ps 查看服务，发现已经启动了 mysql_mysql_1 容器，如果想关闭所有的服务，在当前目录下使用 docker-compose down 命令。

2）查看容器网络。

```
[root@localhost mysql]# docker network ls
NETWORK ID      NAME            DRIVER      SCOPE
3e0c611d03a6    mysql_mynet     bridge      local
```

3）在 Windows 中使用 Navicat 软件连接宿主机的 3306 端口服务，输入用户 root，密码 1 后，如图 7-2 所示。

图 7-2 连接数据库成功

7.1.2 编排 Wordpress 博客应用

Docker-Compose 的强大之处在于它可以编排多个有关系的服务应用,当一个服务需要依赖某个服务时,Docker-Compose 可以根据顺序把这些服务依次启动,为用户提供服务。

Wordpress 博客应用是一个 PHP 程序编写的应用软件,它需要依赖数据库才能启动使用,这里就可以通过 Docker-Compose 将两个服务编排起来,按顺序启动。

1. 下载 Wordpress 镜像

```
[root@localhost ~]# docker pull wordpress
Digest: sha256:e3a851040e7eef9c2b6dd954bfcf08b5a9847b2efbc252d4ccb1b08-64225d9fc
Status: Downloaded newer image for wordpress:latest
docker.io/library/wordpress:latest
```

使用 docker pull 下载了 Wordpess 的最新版本。

2. 在 docker-compose.yml 文件中编排 wordpress 和 mysql 服务

在/root 目录下建立 wordpress 目录,在 wordpress 目录中,创建文件 docker-compose.yml,打开 docker-compose.yml 文件,输入以下内容。

```
version: '3'
services:
  wordpress:
    image: wordpress
    ports:
      - 80:80
    depends_on:
      - mysql
    environment:
      WORDPRESS_DB_HOST: mysql:3306
```

```yaml
      WORDPRESS_DB_PASSWORD: root
    networks:
      - my-wordpress
  mysql:
    image: mysql:5.7
    environment:
      MYSQL_ROOT_PASSWORD: root
      MYSQL_DATABASE: wordpress
    volumes:
      - mysql-data:/var/lib/mysql
    networks:
      - my-wordpress
volumes:
  mysql-data:
networks:
  my-wordpress:
    driver: bridge
```

（1）语义分析

在容器编排文件 docker-compose.yml 中，定义了 version、services、networks、volumes 四个顶级指令，在 services 服务中定义了 2 个服务，一个名称是 wordpress，另一个名称是 mysql。因为 wordpress 服务要依赖 mysql 服务，所以在定义 wordpress 服务时，使用 depends_on 定义依赖 mysql，这样就可以先启动 mysql，同时在 wordpress 服务容器中获取 mysql 的环境变量信息。

在 mysql 服务中，定义环境变量 root 用户的密码和数据库名称，在 wordpress 服务中，定义了环境变量 WORDPRESS_DB_HOST，使 Wordpress 可以找到数据服务。定义环境变量 WORDPRESS_DB_PASSWORD 是 root，让 Wordpress 可以使用 root 用户连接 mysql 容器。

通过 volumes 指令创建了数据卷，名称是 mysql-data，在数据库服务中把/var/lib/mysql 目录持久化到 mysql-data 数据卷。

通过 networks 指令创建了网络，名称是 my-wordpress，在 wordpress 服务和 mysql 服务中，使用了这个网络。

（2）语法分析

把 version、services、networks、volumes 写在最左列对齐，每个指令的下一级指令需要对齐，如 wordpress 服务和 mysql 服务要对齐，wordpress 下的各个指令要对齐。

3．基于 docker-compose 启动服务

使用 docker-compose up -d 在后台启动两个服务。

```
[root@localhost wordpress]# docker-compose up -d
Creating wordpress_mysql_1      ... done
Creating wordpress_mysql_1      ...
Creating wordpress_wordpress_1 ... done
```

注意，这里的启动顺序是先启动 mysql 服务，再启动 Wordpress 服务，因为在 Wordpress 服务中，使用 Depends_on 依赖了 mysql 服务。

4. 查看使用的服务

(1) 查看服务容器

使用 docker-compose ps 查看到两个服务都正常启动了。

```
[root@localhost wordpress]#      docker-compose ps
    Name                   Command                State        Ports
-----------------------------------------------------------------------------
wordpress_mysql_1     docker-entrypoint.sh mysqld    Up       3306/tcp, 33060/tcp
wordpress_wordpress_1 docker-entrypoint.sh apach...  Up       0.0.0.0:80->80/tcp
```

(2) 查看网络

```
[root@localhost wordpress]# docker network ls
NETWORK ID              NAME                    DRIVER     SCOPE
ffde65c09330            wordpress_my-wordpress  bridge     local
```

通过 docker network ls 查看到新建立的网络 wordpress_my-wordpress。

(3) 查看 volume 数据卷

```
[root@localhost wordpress]# docker volume ls
DRIVER       VOLUME NAME
local        wordpress_mysql-data
```

发现已经存在 wordpress_mysql-data 的数据卷了。

(4) 使用服务

在 Windows 中打开浏览器,输入 http://192.168.0.20(服务器 IP),结果如图 7-3 所示。

在语言栏中选择倒数第二项简体中文后,单击 Continue 按钮,在下一页输入站点标题、用户名、密码、电子邮件后,单击安装 Wordpress,如图 7-4 所示。

图 7-3 Wordpress 服务首页

图 7-4 安装 Wordpress

安装完成后，使用用户名和密码登录进入后台，如图 7-5 所示。

图 7-5　wordpress 服务后台

在后台"自定义您的站点"处，简单发布一个博客，再进入 http://192.168.0.20，可以看到发布的博客，如图 7-6 所示。

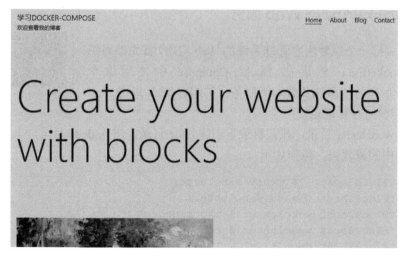

图 7-6　发布 Wordpress 博客

至此，已经使用 Docker-Compose 部署了 Wordpress 博客应用，并可以成功访问和发布博客。

 任务拓展训练

1）使用 Docker-Compose 编排一个单机的 Apache 服务，使用的镜像是 httpd:latest。

2）使用 Docker-Compose 编排一个 redis 服务，使用的镜像是 redis。

▶任务 7.2　编排 Web 集群服务

学习情境

在构建一个动态 Web 服务时，通常使用一个 Web 容器提供服务是不够的，需要对 Web 容器进行扩展，但扩展后，需要在前端加上负载均衡服务，访问 Web 集群。技术主管要求你使用 Docker-Compose 编排织梦内容管理系统集群服务，实现集群的负载均衡和自动扩缩容。

教学目标

知识目标：
1）掌握 Docker-Compose 中 build 使用方法
2）掌握 Docker-Compose 扩缩容命令使用方法

能力目标：
1）会部署织梦内容管理系统集群服务
2）会实现集群服务的负载均衡和扩缩容

教学内容

1）使用 Dockerfile 构建织梦内容管理系统
2）使用 Docker-Compose 编排集群服务

7.2.1　编排单个动态 Web 服务

本次任务编排一个织梦内容管理系统的 Web 应用，首先编写织梦系统的 Dockerfile，然后在 Docker-Compose 中使用这个 Dockerfile，最后在前端添加负载均衡服务，扩缩容 Web 集群。

7-3 编排单个动态 Web 服务

1. 上传织梦内容管理系统

首先创建 webcluster 目录，在该目录下创建 dede 目录，进入 dede 目录，上传织梦内容管理系统 zm.zip 中的源代码，操作如下：

```
[root@localhost ~]# mkdir webcluster
[root@localhost ~]# cd webcluster/
[root@localhost webcluster]# mkdir dede
[root@localhost webcluster]# cd dede
[root@localhost dede]# ls
zm
```

首先上传织梦管理系统 zm.zip 压缩文件，然后将该文件解压缩成 zm 目录，完成后，删除 zm.zip。

2. 编写织梦内容管理系统的 Dockerfile 文件

在 dede 目录下创建文件 Dockerfile，然后打开 Dockerfile 文件，输入以下内容。

```
#指定基础镜像
FROM centos:7
#安装 httpd php php-mysql php-gd
```

```
RUN  yum install http php php-mysql php-gd -y
#把 zm 复制到/var/www/html 默认网站目录
ADD  zm /var/www/html/
#修改默认网站目录的权限
RUN  chmod -R 777 /var/www/html
#暴露服务端口
EXPOSE 80
#启动容器时，在前台运行 httpd 服务
CMD  ["/usr/sbin/httpd","-DFOREGROUND"]
```

编写 Dockerfile 后，不用构建镜像，因为可以在 docker-compose.yml 文件中使用 build 引用 Dockerfile 文件直接构建。

3. 在 docker-compose.yml 文件中编排织梦内容管理系统服务

在/webcluster 目录下建立 docker-compose.yml 文件，打开 docker-compose.yml，输入以下内容。

```
version: '3'
services:
  zm:
    build: ./dede
    depends_on:
      - mysql
    ports:
      - 80:80
    networks:
      - back
  mysql:
    image: mysql:5.7
    networks:
      - back
    environment:
      MYSQL_ROOT_PASSWORD: 1
    volumes:
      - mysql:/var/lib/mysql
volumes:
  mysql:
networks:
  back:
    driver: bridge
```

（1）语义分析

在容器编排文件 docker-compose.yml 中，定义了 version、services、networks、volumes 四个顶级指令，在 services 服务中，定义了 2 个服务，一个名称是 zm，另一个名称是 mysql。因为 zm 服务要依赖 mysql 服务，所以在定义 zm 服务时，使用 depends_on 定义了依赖 mysql，这样就可以先启动 mysql 了。

在 mysql 服务中，定义环境变量 MYSQL_ROOT_PASSWORD 是 1。

通过 volumes 指令创建了数据卷，名称是 mysql，在数据库服务中把/var/lib/mysql 目录持久化到 mysql 数据卷。

通过 networks 指令创建了网络，名称是 back，在 zm 服务和 mysql 服务中，使用了这个网络。

（2）语法分析

这里最重要的是在创建 zm 服务时，通过 build 指令引用./dede（当前目录下的 dede 目录）

中的 Dockerfile 构建镜像，然后再启动 zm 服务。

（3）基于 Docker-Compose 编排织梦服务

通过 docker-compose up -d 在后台运行服务

```
[root@localhost webcluster]# docker-compose up -d
Successfully built a8b809c29526
Successfully tagged webcluster_zm:latest
Creating webcluster_mysql_1 ... done
Creating webcluster_mysql_1 ...
Creating webcluster_zm_1    ... done
```

通过观察，发现 Docker-Compose 首先通过/dede 下的 Dockerfile 构建了 webcluster_zm:latest 镜像，然后启动了 webcluster_mysql_1 容器和 webcluster_zm_1 容器。

4．查看使用的服务

（1）查看服务容器

首先通过 docker-compose ps 查看运行的容器。

```
[root@localhost webcluster]# docker-compose ps
    Name                    Command              State           Ports
-------------------------------------------------------------------------------
webcluster_mysql_1 docker-entrypoint.sh mysqld    Up     3306/tcp, 33060/tcp
webcluster_zm_1    /usr/sbin/httpd -DFOREGROUND   Up     0.0.0.0:80->80/tcp
```

通过 docker-compose ps 查看，两个容器已经启动完成了。

（2）查看容器网络

```
[root@localhost webcluster]# docker network ls
NETWORK ID       NAME               DRIVER      SCOPE
69e7967116ab     webcluster_back    bridge      local
```

通过查看，发现创建了 webcluster_back 网络。

（3）浏览器访问服务

在 Windows 中使用浏览器访问 http://192.168.0.20（服务器地址），结果如图 7-7 所示。

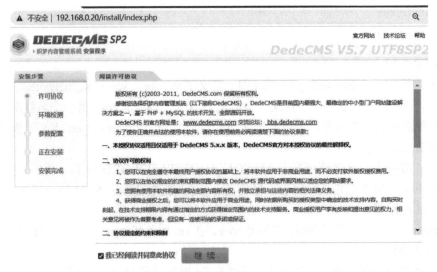

图 7-7　浏览织梦首页

在参数配置中,输入数据库主机名称为 mysql,数据库密码 1,如图 7-8 所示。

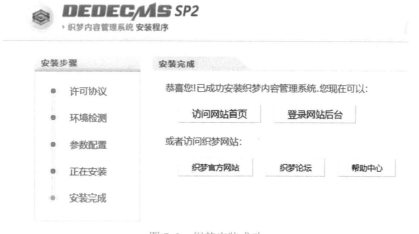

图 7-8　织梦数据库配置

单击页面下方的"继续"按钮,就安装成功了,如图 7-9 所示。

图 7-9　织梦安装成功

再次访问网站首页,就进入织梦内容管理系统,如图 7-10 所示。

图 7-10　织梦首页

7-4
编排动态 Web
集群服务

7.2.2　编排动态 Web 集群服务

随着访问量的增加,单个 Web 服务不能够满足用户的需求,这时就需要将 Web 服务扩充为多个,访问时,需要在前端加入负载均衡服务,构成 Web 服务集群。

1. 关闭单 Web 服务

使用 docker-compose down 关闭单 Web 服务。

```
[root@localhost webcluster]# docker-compose down
```

结果如下：

```
Stopping webcluster_zm_1    ... done
Stopping webcluster_mysql_1 ... done
Removing webcluster_zm_1    ... done
Removing webcluster_mysql_1 ... done
Removing network webcluster_back
```

这里首先关闭的是 webcluster_zm_1 容器，即 Web 服务，然后关闭 webcluster_mysql_1 数据库容器，即数据库服务，因为在 Docker-Compose 中 zm 服务依赖 mysql 服务，所以开启时先启动 zm 服务，关闭时先关闭 mysql 服务。

2. 修改 Dockerfile

构建的 Web 服务集群要共享织梦内容管理系统的源代码，否则多个 Web 服务的数据就不一致了，方法是在 Dockerfile 中不复制程序源代码到镜像中，然后在 Docker-Compose 启动编排容器时，通过数据卷挂载的方式将源程序挂载到指定目录。

进入 dede 目录，修改 Dockerfile 的代码如下：

```
#指定基础镜像
FROM centos:7
#安装httpd php php-mysql php-gd
RUN  yum install http php php-mysql php-gd -y
#暴露服务端口
EXPOSE 80
#启动容器时，在前台运行httpd服务
CMD ["/usr/sbin/httpd","-DFOREGROUND"]
```

和使用单个 Web 服务相比，少了一条复制源代码到 /var/www/html 的指令。

3. 修改 docker-compose.yml

打开 docker-compose.yml 文件，输入以下内容：

```
version: '3'
services:
  lb:
    image: dockercloud/haproxy
    links:
      - zm
    ports:
      - 80:80
      - 1936:1936
    volumes:
      - /var/run/docker.sock:/var/run/docker.sock
    networks:
      - front
  zm:
    build: ./dede
    depends_on:
      - mysql
    volumes:
      - /root/webcluster/dede/zm:/var/www/html
```

```yaml
      networks:
        - front
        - back
    mysql:
      image: mysql:5.7
      networks:
        - back
      environment:
        MYSQL_ROOT_PASSWORD: 1
      volumes:
        - mysql:/var/lib/mysql
volumes:
  mysql:
networks:
  front:
    driver: bridge
  back:
    driver: bridge
```

（1）语义分析

在容器编排文件 docker-compose.yml 中，定义了 version、services、networks、volumes 四个顶级指令，在 services 服务中，定义了 3 个服务，分别是负载均衡服务 lb，网站服务 zm，数据库服务 mysql。因为 lb 是 zm 的负载均衡器，所以在定义 lb 时，使用 links 指令连接到 zm，zm 服务要依赖 mysql 服务，所以在定义 zm 服务时，使用 depends_on 定义了依赖 mysql。

定义 lb 服务时，使用的是 dockercloud/haproxy 镜像，可以提供负载均衡服务，通过 links 到具体的服务，就可以把访问转发到该服务上，同时需要将 /var/run/docker.sock:/var/run/docker.sock 进行绑定，/var/run/docker.sock 是 Docker 守护进程默认监听的 UNIX 域套接字，容器中的进程可以通过它与 Docker 守护进程进行通信，这样才可以配合 links 进行负载均衡。

定义 zm 服务时，不能再暴露服务端口，要在负载均衡器中暴露，同时使用 volumes 将源程序目录绑定到网站根目录/var/www/html，因为/var/www/html 目录为空，所以宿主机的数据会显示到这个目录中。

定义 mysql 服务环境变量 MYSQL_ROOT_PASSWORD 为 1。

通过 volumes 指令创建了数据卷，名称是 mysql，在数据库服务中把/var/lib/mysql 目录持久化到 mysql 数据卷。

通过 networks 指令创建两个网络，名称是 front 和 back，lb 和 zm 服务使用 front 网络，zm 和 mysql 服务使用 back 网络。

（2）语法分析

定义时，注意同级别的指令要对齐使用。

4．基于 docker-compose.yml 启动服务集群

使用 docker-compose up -d 构建服务集群时，首先下载 dockercloud/haproxy 镜像，然后启动 mysql 服务、zm 服务、lb 服务。

```
[root@localhost webcluster]# docker-compose up -d
```

结果如下：

```
Creating network "webcluster_back" with driver "bridge"
```

```
Creating network "webcluster_front" with driver "bridge"
Pulling lb (dockercloud/haproxy:latest)...
latest: Pulling from dockercloud/haproxy
1160f4abea84: Pull complete
b0df9c632afc: Pull complete
a9b184c7cd3a: Pull complete
Creating webcluster_mysql_1 ... done
Status: Downloaded newer image for dockercloud/haproxy:latest
Creating webcluster_zm_1    ... done
Creating webcluster_zm_1    ...
Creating webcluster_lb_1    ... done
```

注意服务的启动顺序是首先启动 mysql 服务，然后启动 zm 服务，最后启动 lb 服务。

5．访问安装服务

访问 http://192.168.0.20，再次进入织梦安装界面，在环境检测页面，发现目录权限检测中有多个目录是红色，表示不可写入，如图 7-11 所示。

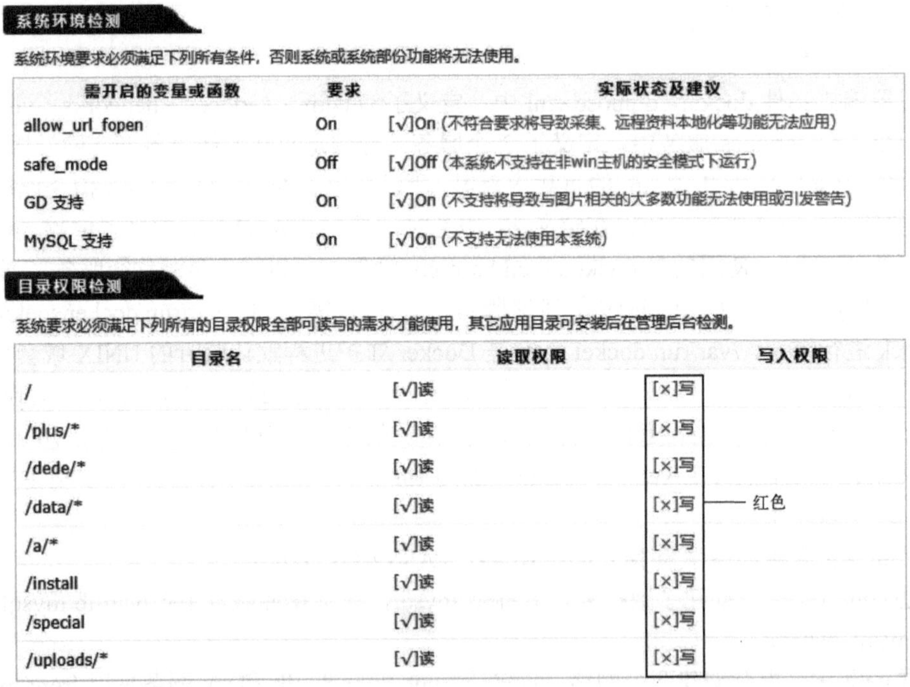

系统环境检测

系统环境要求必须满足下列所有条件，否则系统或系统部份功能将无法使用。

需开启的变量或函数	要求	实际状态及建议
allow_url_fopen	On	[√]On (不符合要求将导致采集、远程资料本地化等功能无法应用)
safe_mode	Off	[√]Off (本系统不支持在非win主机的安全模式下运行)
GD 支持	On	[√]On (不支持将导致与图片相关的大多数功能无法使用或引发警告)
MySQL 支持	On	[√]On (不支持无法使用本系统)

目录权限检测

系统要求必须满足下列所有的目录权限全部可读写的需求才能使用，其它应用目录可安装后在管理后台检测。

目录名	读取权限	写入权限
/	[√]读	[×]写
/plus/*	[√]读	[×]写
/dede/*	[√]读	[×]写
/data/*	[√]读	[×]写
/a/*	[√]读	[×]写
/install	[√]读	[×]写
/special	[√]读	[×]写
/uploads/*	[√]读	[×]写

图 7-11　目录权限不可写入

解决的办法就是为源代码的目录设置写入权限。

```
[root@localhost webcluster]# chmod -R  777 /root/webcluster/dede/zm/
```

再次刷新页面，发现写入权限改变了，如图 7-12 所示。

继续安装，在下一页输入数据库主机名“mysql”，密码“1”，单击“继续”链接，就可以成功安装织梦内容管理系统了（这一步和单个 Web 服务一致）。

6．扩缩容 Web 服务数量

以上只启动了一个 Web 服务，当访问量越来越多时，需要增加 Web 服务的数量，可以使用 docker-compose 命令实现扩充和减少 Web 服务数量。

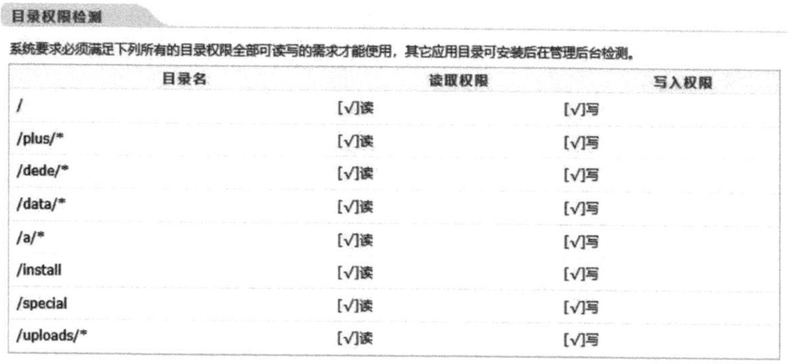

目录权限检测

系统要求必须满足下列所有的目录权限全部可读写的需求才能使用，其它应用目录可安装后在管理后台检测。

目录名	读取权限	写入权限
/	[√]读	[√]写
/plus/*	[√]读	[√]写
/dede/*	[√]读	[√]写
/data/*	[√]读	[√]写
/a/*	[√]读	[√]写
/install	[√]读	[√]写
/special	[√]读	[√]写
/uploads/*	[√]读	[√]写

图 7-12 修改目录权限可写

（1）使用 docker-compose 命令将 zm 服务扩充到 3 个

```
Docker-Compose 命令扩充服务的方法是--scale 服务名=数量
[root@localhost webcluster]# docker-compose up --scale zm=3 -d
```

结果如下：

```
webcluster_mysql_1 is up-to-date
Starting webcluster_zm_1 ... done
Creating webcluster_zm_2 ... done
Creating webcluster_zm_3 ... done
webcluster_lb_1 is up-to-date
```

可以发现，这时启动了一个数据库服务，三个 zm（Web 网站）服务，一个 lb（负载均衡服务），使用 docker-compose ps 查看如下。

```
[root@localhost webcluster]# docker-compose ps
 Name                    Command                          State     Ports
---------------------------------------------------------------------------------
webcluster_lb_1       /sbin/tini -- dockercloud- ...     Up
0.0.0.0:1936->1936/tcp, 443/tcp, 0.0.0.0:80->80/tcp
webcluster_mysql_1    docker-entrypoint.sh mysqld        Up       3306/tcp,
33060/tcp
webcluster_zm_1       /usr/sbin/httpd -DFOREGROUND       Up       80/tcp
webcluster_zm_2       /usr/sbin/httpd -DFOREGROUND       Up       80/tcp
webcluster_zm_3       /usr/sbin/httpd -DFOREGROUND       Up       80/tcp
```

发现三个 zm 服务都已经启动了。

（2）登录负载均衡 Haproxy 查看

使用 http://192.168.0.20:1936 登录到负载均衡 Haproxy 主页，如图 7-13 所示。

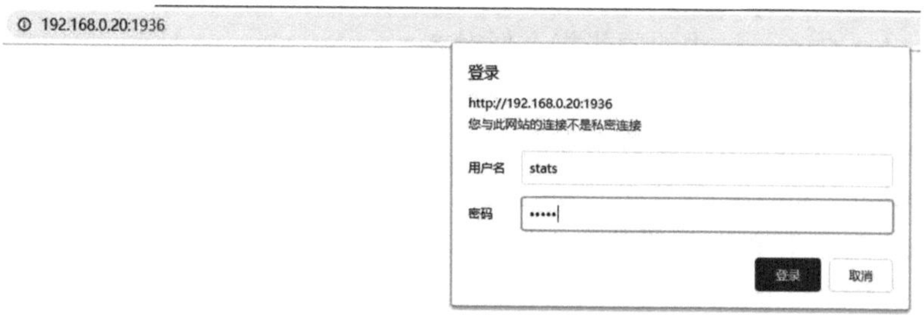

图 7-13 登录 Haproxy 主页

输入默认用户"stats"、密码"stats",进入统计分析页面,如图 7-14 所示。

default_service	Queue			Session rate			Sessions				Bytes	
	Cur	Max	Limit	Cur	Max	Limit	Cur	Max	Limit	Total	LbTot	Last	In	Out
webcluster_zm_1	0	0	-	0	4		0	2	-	7	7	4s	3 729	33 298
webcluster_zm_2	0	0	-	0	5		1	2	-	7	7	3s	3 317	37 959
webcluster_zm_3	0	0	-	0	5		0	2	-	6	6	6s	3 175	61 467
Backend	0	0		0	14		1	6	410	20	20	3s	10 221	132 724

图 7-14 统计三个 zm 服务流量

当使用浏览器访问 192.168.0.20 并不断刷新后,浏览器就会不停地访问这 3 个 Web 服务,在这里显示的访问数据就会不断变化了。

任务拓展训练

1)使用 Docker-Compose 部署单个 dami 动态服务。
2)使用 Docker-Compose 部署 dami 集群动态服务。

项目小结

1)Docker-Compose 命令的书写格式非常重要,一定要把同级的指令进行对齐。
2)Docker-Compose 的强大之处在于服务的编排,一是可以节省 docker run 命令,二是可以定义服务启动的先后顺序。
3)在使用 Docker-Compose 定义集群服务时,要在负载均衡服务向外部暴露端口。
4)在定义集群服务时,要使用数据卷技术保持数据的一致性。

▶ 习题

一、选择题

1. 以下关于 Docker-Compose 的说法中,不正确的是(   )。
    A. Docker-Compose 可以简化启动服务的命令操作
    B. Docker-Compose 不能够定义服务启动顺序
    C. Docker-Compose 是单机服务编排工具
    D. Docker-Compose 可以使用多种方式安装
2. 关于 Docker-Compose 指令的说法,不正确的是(   )。
    A. Docker-Compose 中的同级指令要对齐
    B. Docker-Compose 创建网络的指令是 networks
    C. Docker-Compose 创建数据卷的指令是 volumes
    D. Docker-Compose 指令中必须创建 volumes
3. 以下关于构建单个 Web 服务和集群 Web 服务的区别,正确的是(   )。
    A. 构建单个服务和集群服务没有区别
    B. 构建单个服务需要加负载均衡

C. 单个 Web 服务不用使用数据库
D. 集群服务的端口暴露要在负载均衡中实现

二、填空题

1. Docker-Compose 的默认模本文件名称是_____。
2. 启动 Docker-Compose 服务的命令是_____。
3. 停止 Docker-Compose 服务的命令是_____。
4. 在 Docker-Compose 中，使用_____指令定义版本号。

项目 8　Kubernetes 多机编排容器

本项目思维导图

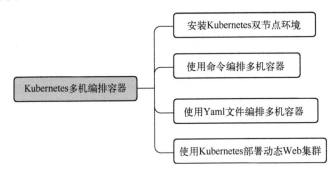

▶任务 8.1　安装 Kubernetes 双节点环境

8-1 安装Kubernetes 双节点环境

学习情境

使用 Docker-Compose 工具能够在单机上部署服务应用，但一台主机的性能毕竟是有限的，随着用户量的不断增加，需要将服务部署在更多的主机上，这就需要使用 Kubernetes 多机容器编排技术。技术主管要求你在两台主机上安装 Kubernetes 双节点环境。

教学目标

知识目标：
1）掌握 Kubernetes 的作用
2）掌握 Kubernetes 的架构和组件
能力目标：
1）会安装 Kubernetes 基础环境
2）会检验 Kubernetes 安装是否正确

教学内容

1）安装 Kubernetes 基础环境
2）安装 Kubernetes 组件

8.1.1　Kubernetes 概述

1. Kubernetes 功能

Kubernetes 简称 K8s，是一个轻便的、可扩展的开源平台，用于管理容器化应用服务。通过 Kubernetes 能够进行应用的自动化部署和扩缩容，在 Kubernetes 中，将组成应用的容器组合成一个逻辑单元进行管理。Kubernetes 经过这几年的快速发展，形成了一个生态系统，Google 在 2014 年将 Kubernetes 作为开源项目。用一句话概括 Kubernetes 的功能就是它能够把容器应用部署到若干台集群主机上，满足日益增加的高并发、高负载、高可用需求。

Kubernetes 技术有以下特点。

（1）自恢复能力

当容器失败时，对容器自动重启，当所部署的 Node 节点有问题时，会对容器进行重新部署和重新调度。当容器未通过监控检查时，会关闭此容器，直到容器正常运行时，才会对外提供服务。

（2）水平扩容

通过简单的命令、用户界面或基于 CPU 的使用情况，能够对应用进行扩容和缩容。

（3）服务发现和负载均衡

开发者不需要使用额外的服务发现机制，就能够基于 Kubernetes 进行服务发现和负载均衡。

（4）自动发布和回滚

Kubernetes 能够程序化地发布应用和相关的配置，如果发布有问题，Kubernetes 将能够回退发生的变更。

（5）保密和配置管理

在不需要重新构建镜像的情况下，可以部署更新保密和应用配置。

（6）存储编排

自动挂接存储系统，这些存储系统可以来自本地、公有云提供商、网络存储（NFS、iSCSI、Gluster、Ceph、Cinder 和 Floker）。

Kubernetes 采用主从分布式架构，由 Master 控制节点和 Node 工作节点组成，由控制节点发出命令，然后在 Node 节点完成工作任务。

2．Master 控制节点

对集群资源进行调度管理，Master 控制节点需要安装 API Server、Controller-Manager Server、Scheduler、Cluster State Store、Kubctl 等组件。

（1）API Server

主要用来处理 REST 的操作，确保它们生效，执行相关业务逻辑，更新 etcd 存储中的相关对象。API Server 是所有 REST 命令的入口，它的相关结果状态将被保存在 etcd 存储中，API Server 同时是集群的网关，客户端通过 API Server 对集群进行访问，客户端需要通过认证，并使用 API Server 作为访问 Node 和 Pod 以及 service 的通道。

（2）Controller-Manager Server

Controller-Manager Server 执行大部分集群层次的功能，它既执行生命周期功能（命名空间创建和生命周期、事件垃圾收集、已终止垃圾收集、级联删除垃圾收集、node 垃圾收集），也执行 API 业务逻辑（pod 的弹性扩容），控制管理提供自愈能力、扩容、应用生命周期管理、服务发现、路由、服务绑定。Kubernetes 默认提供 Replication Controller、Node Controller、Namespace Controller、Service Controller、Endpoints Controller、Persistent Controller、DaemonSet Controller 等多种控制器。

（3）Scheduler

Scheduler 组件为容器自动选择主机，依据请求资源的可用性，服务请求的质量等约束条件，监控未绑定的 Pod，并将其绑定至特定的 Node 节点。

（4）Cluster State Store

Kubernetes 默认使用 etcd 作为集群整体存储，etcd 是一个简单的、分布式的键-值存储系统，用来共享配置和服务发现。etcd 提供了一个 CRUD 操作的 REST API，提供了作为注册的接口，以监控指定的 Node。集群的所有状态都存储在 etcd 中，etcd 具有监控的能力，因此当 etcd 中的信息发生变化时，就能够快速通知集群中相关的组件。

（5）Kubectl

Kubectl 可以安装在控制节点，也可以安装在工作节点，它用于通过命令行与 API Server 进行交互，进而对 Kubernetes 进行操作，实现在集群中进行各种资源的增删改查等操作。

3．Node 工作节点

Node 是真正的工作节点，运行业务应用的容器。Node 节点需要运行 kubelet、kube proxy、Container Runtime。

（1）Kubelet

Kubelet 是 Kubernetes 中最主要的控制器。Kubelet 负责驱动容器执行层。负责整个容器生命周期。

在 Kubernetes 中，Pod 是基本的执行单元，它可以包括多个容器和存储数据卷，将每个容器打包成单一的 Pod 应用，在 Master 节点负责调度 Pod，但在工作节点，由 Kubelet 启动 Pod 内的容器或者数据卷。kubelet 负责管理 Pod、容器、镜像、数据卷等，实现集群对节点的管理，并将容器的运行状态汇报给 Kubernetes API Server。

（2）Container Runtime

每一个 Node 工作节点都会运行 Container Runtime（容器运行时），负责下载镜像、运行容器。Kubernetes 本身并不提供容器运行时环境，但提供了接口，可以插入所选择的容器运行时环境，本实验安装 Docker 服务作为下载镜像、运行容器的工具。

（3）Kube proxy

在 Kubernetes 中，Kube proxy 负责为 Pod 创建代理服务，实现服务到 Pod 的路由和转发，进而实现负载均衡访问应用。此方式通过创建客户端能够访问虚拟 IP，Kube proxy 通过 Iptables 规则引导访问至服务 IP，并重定向至正确的后端应用，提供了一个高可用的负载均衡解决方案。

8.1.2 双节点基础配置

1．准备双节点主机环境

构建 Kubernetes 实验环境至少需要 2 个节点进行部署，一台用作 Master 节点，另一台用作 Node 节点，所以首先需要创建 2 台虚拟机，配置如表 8-1 所示。

表 8-1　K8s 双节点主机信息

主机名称	IP 地址	CPU	内存
Master	192.168.0.10/16	2 核心	4GB
Node1	192.168.0.20/16	2 核心	2GB

2. 修改主机名称

修改 192.168.0.10/16 的主机名称为 master。

```
[root@localhost ~]# hostnamectl set-hostname master
```

修改 192.168.0.20/16 的主机名称为 node1。

```
[root@localhost ~]# hostnamectl set-hostname node1
```

3. 关闭防火墙、SELinux、交换分区

（1）双节点关闭防火墙，开机不启动

```
[root@master ~]# systemctl stop firewalld && systemctl disable firewalld
[root@node1 ~]# systemctl stop firewalld && systemctl disable firewalld
```

（2）配置双节点设置关闭 SELinux

master 和 node1 节点操作如下。

```
[root@master ~]# setenforce 0
[root@node ~]# setenforce 0
```

同时需要把/etc/selinux/config 文件中的 SELINUX 设置成 disabled（开机不启动 SELinux）。

（3）关闭交换分区

在 master 和 node1 节点都要关闭交换分区。

```
[root@master ~]# swapoff -a
[root@node1 ~]# swapoff -a
```

同时需要把/etc/fstab 中含有 swap 的一行配置注释掉。

```
#/dev/mapper/centos-swap swap      swap    defaults      0 0
```

4. 配置免密码登录

（1）在两个节点增加 hosts 名称解析

在两个节点的/etc/hosts 文件下增加如下配置。

```
192.168.0.10 master
192.168.0.20 node1
```

（2）配置 master 到 node1 的免密码登录

使用 ssh-keygen 一直按〈Enter〉键就可以生成秘钥文件。

```
[root@master ~]# ssh-keygen
```

复制公钥文件到 node1 节点，复制过程需要输入 node1 的 root 登录密码。

```
[root@master ~]# ssh-copy-id root@node1
```

5. 配置 yum 源

在 master 节点和 node1 节点都需要创建以下 yum 源，这里以 master 节点为例。

（1）建立本地 yum 源 local.repo

```
[local]
name=centos7
baseurl=file:///mnt
gpgcheck=0
```

（2）下载阿里云的 centos7 基础源

```
[root@master yum.repos.d]# wget -O /etc/yum.repos.d/CentOS-Base.repo https://mirrors.aliyun.com/repo/Centos-7.repo
```

（3）建立阿里云的 docker-ce 源 docker-ce.repo

在阿里云镜像站 https://developer.aliyun.com/mirror/，找到 Docker 的源地址。在 centos7 处查看配置方法。

安装必要软件：

```
[root@master yum.repos.d]# yum install -y yum-utils device-mapper-persistent-data lvm2
```

配置 docker-ce 源：

```
yum-config-manager --add-repo https://mirrors.aliyun.com/docker-ce/linux/centos/docker-ce.repo
```

（4）建立阿里云的 Kubernetes 源 k8s.repo

在阿里云镜像站 https://developer.aliyun.com/mirror/找到 Kubernetes 源配置，复制到 k8s.repo 中。

```
[kubernetes]
name=Kubernetes
baseurl=https://mirrors.aliyun.com/kubernetes/yum/repos/kubernetes-el7-x86_64/
    enabled=1
    gpgcheck=1
    repo_gpgcheck=1
    gpgkey=https://mirrors.aliyun.com/kubernetes/yum/doc/yum-key.gpg https://mirrors.aliyun.com/kubernetes/yum/doc/rpm-package-key.gpg
```

6. 安装 iptables

在 Master 和 Node 节点都要安装 iptables 防火墙，并配置相关环境变量，这里同样以 master 节点为例。

（1）安装 iptables

```
[root@master yum.repos.d]# yum install iptables -y
```

（2）修改 ipv4 和 iptables 内核参数

使用 modprobe 加载模块 br_netfilter。

```
[root@master yum.repos.d]# modprobe br_netfilter
```

打开文件 sysctl.conf。

```
[root@master yum.repos.d]# vim /etc/sysctl.conf
```

在文件中加入如下内容。

```
net.ipv4.ip_forward = 1
net.bridge.bridge-nf-call-iptables = 1
net.bridge.bridge-nf-call-ip6tables = 1
```

配置了关于 ipv4 和 iptables 网桥转发，完成后使用 sysctl -p 使配置生效。

```
[root@master yum.repos.d]# sysctl -p
net.ipv4.ip_forward = 1
net.bridge.bridge-nf-call-iptables = 1
net.bridge.bridge-nf-call-ip6tables = 1
```

（3）修改 ipv4 和 iptables 内核参数

在/etc/sysctl.d 目录下创建 k8s.conf 文件。

```
[root@master yum.repos.d]# vim /etc/sysctl.d/k8s.conf
```

打开文件后，输入以下两行配置。

```
net.bridge.bridge-nf-call-ip6tables = 1
net.bridge.bridge-nf-call-iptables = 1
```

使用 sysctl --system 加载配置。

7. 安装 Docker-ce

（1）安装 Docker-ce

在 master 和 node1 节点同时安装 Docker-ce。这里以 master 节点为例。

```
[root@master yum.repos.d]# yum install docker-ce -y
```

在安装结束后，如果显示如下内容，说明安装成功了。

```
docker-ce.x86_64 3:20.10.2-3.el7
```

（2）配置 Docker-ce

修改 Docker 守护进程。

```
[root@master yum.repos.d]# vim /etc/docker/daemon.json
```

在打开的文件中，输入以下内容，修改 docker 和 k8s 有关的配置如下。

```
{
 "exec-opts": ["native.cgroupdriver=systemd"],
 "log-driver": "json-file",
 "log-opts": {
   "max-size": "100m"
  },
 "storage-driver": "overlay2",
 "storage-opts": [
   "overlay2.override_kernel_check=true"
  ]
}
```

修改完成后，重启守护进程和 Docker 服务。

```
[root@master yum.repos.d]# systemctl daemon-reload && systemctl restart docker
```

8.1.3 安装 Kubernetes 组件

1. 安装 Kubeadm 和 Kubelet

首先安装 Kubeadm 和 Kubelet 组件，然后通过这 2 个组件初始化 K8s 集群组件，Kubelet

是管理容器的工具，也要首先安装它，在两个节点都要安装，软件的版本是 1.18.3，这里以 master 节点为例。

```
[root@master ~]# yum install kubeadm-1.18.3 kubelet-1.18.3 -y
```

安装完成后启动 kubelet 并设置开启自启。

```
[root@master ~]# systemctl start kubelet && systemctl enable kubelet
```

2．上传 Kubernetes 组件

使用 rz 命令将在 Windows 中的 Kubernetes 组件镜像上传到两个节点的指定目录，如果没有 rz 命令可以使用 yum install lrzsz -y 安装它。之后运行如下命令：

```
[root@master k8s]# ll
```

结果如下：

```
总用量 1992152
-rw-r--r--. 1 root root  73531392 11月 20 10:49 calico-node.tar.gz
-rw-r--r--. 1 root root 118966784 8月  10 16:49 cni.tar
-rw-r--r--. 1 root root  83932160 11月 20 10:51 cni.tar.gz
-rw-r--r--. 1 root root 226799616 5月  22 2020 cni_v3.14.0.tar
-rw-r--r--. 1 root root  43932160 5月  22 2020 coredns_1.6.7.tar
-rw-r--r--. 1 root root 290010624 5月  22 2020 etcd_3.4.3-0.tar
-rw-r--r--. 1 root root 174558720 5月  22 2020 kube-apiserver_v1.18.3.tar
-rw-r--r--. 1 root root 163950080 5月  22 2020 kube-controller-manager_v1.18.3.tar
-rw-r--r--. 1 root root 119099392 5月  22 2020 kube-proxy_v1.18.3.tar
-rw-r--r--. 1 root root  96841216 5月  22 2020 kube-scheduler_v1.18.3.tar
-rw-r--r--. 1 root root 266138624 8月  10 16:53 node.tar
-rw-r--r--. 1 root root 267348992 5月  22 2020 node_v3.14.0.tar
-rw-r--r--. 1 root root    692736 5月  22 2020 pause_3.2.tar
-rw-r--r--. 1 root root 114141696 5月  22 2020 pod2daemon-flexvol_v3.14.0.tar
```

上传完成后，看到有 14 个镜像压缩包，需要把这些镜像导入到本地，在当前目录下，使用 for i in $(ls);do docker load < ${i};done 命令，可以批量导入所有镜像到本地。

3．初始化 Kubernetes 集群

（1）初始化

导入 Kubernetes 镜像到本地之后，就可以使用 Kubeadm 工具初始化集群了，初始化集群的操作在 master 节点进行就可以。

```
[root@master k8s]# kubeadm init --kubernetes-version=v1.18.3
--pod-network-cidr=172.16.0.0/16 --apiserver-advertise-address=192.168.0.10
```

初始化的时候，通过--Kubernetes-version 指定版本，通过--pod-network-cidr 指定 Pod 所在网络，使用--apiserver-advertise-address 指定 master 控制节点。

当看到以下信息时，说明初始化 Kubernetes 集群成功了。

```
Your Kubernetes control-plane has initialized successfully!
To start using your cluster, you need to run the following as a regular user:
mkdir -p $HOME/.kube
sudo cp -i /etc/kubernetes/admin.conf $HOME/.kube/config
sudo chown $(id -u):$(id -g) $HOME/.kube/config
You should now deploy a pod network to the cluster.
Run "kubectl apply -f [podnetwork].yaml" with one of the options listed at:
https://kubernetes.io/docs/concepts/cluster-administration/addons/
Then you can join any number of worker nodes by running the following on each as root:
kubeadm join 192.168.0.10:6443 --token ab4rn3.uuxa8fzr3y523tvc \
    --discovery-token-ca-cert-hash
sha256:09815a97d7e82bc723547847298fbb707652b39ed1f579f0b8468f4bbc166504
```

（2）基础配置

初始化成功后，在 Master 节点提示了这些信息，复制粘贴这些信息，目的是建立 k8s 的家目录，复制管理配置，修改权限。

```
mkdir -p $HOME/.kube
sudo cp -i /etc/kubernetes/admin.conf $HOME/.kube/config
sudo chown $(id -u):$(id -g) $HOME/.kube/config
```

另外要建立一个文件，保存后边的提示信息：

```
kubeadm join 192.168.0.10:6443 --token ab4rn3.uuxa8fzr3y523tvc \
    --discovery-token-ca-cert-hash
      sha256:09815a97d7e82bc723547847298fbb707652b39ed1f579f0b8468f4bbc166504
```

当需要加入新的 Node 节点时，执行这段操作就可以了。

（3）Node 节点加入集群

复制加入集群的操作，在 Node 节点上执行。

```
[root@node1 k8s]# kubeadm join 192.168.0.10:6443 --token ab4rn3.uuxa8f-zr3y523tvc \
    --discovery-token-ca-cert-hash
      sha256:09815a97d7e82bc723547847298fbb707652b39ed1f579f0b8468f4bbc166504
```

（4）安装 Calico 网络

1）查看集群节点。在 master 节点执行 kubectl get node，发现集群中已经有两个节点了，但是它们的状态都是 NotReady，这是因为还没有安装网络。

```
[root@master k8s]# kubectl get node
```

结果如下：

```
NAME        STATUS      ROLES     AGE    VERSION
master      NotReady    master    12m    v1.18.3
node1       NotReady    <none>    31s    v1.18.3
```

2）安装 Calico 组件。安装 Calico 的方法是首先上传这个组件的配置，然后使用命令应用这个配置，在 master 节点操作就可以。然后执行以下命令：

```
[root@master k8s]# ll
-rw-r--r--. 1 root root      13593 1月  11 21:37 calico.yaml
```

上传 calico.yaml 后，使用 Kubectl apply -f 应用这个配置。

```
[root@master k8s]# kubectl apply -f calico.yaml
```

应用完成后，再执行 kubectl get node 查看集群节点。

```
[root@master k8s]# kubectl get node
```

结果如下：

```
NAME     STATUS   ROLES    AGE     VERSION
master   Ready    master   16m     v1.18.3
node1    Ready    <none>   5m20s   v1.18.3
```

发现两个节点都是 Ready 状态了。

使用 kubectl get cs 查看组件状态。

```
[root@master ~]# kubectl get cs
```

结果如下：

```
NAME                 STATUS    MESSAGE              ERROR
scheduler            Healthy   ok
controller-manager   Healthy   ok
etcd-0               Healthy   {"health":"true"}
```

发现都是 Healthy 健康状态。自此，已经成功地安装了 Kubernetes。

8.1.4　配置命令补全功能

Kubernetes 的命令是比较复杂的，而且有些命令很长，不好记忆，所以要给它配置命令补全功能，才能高效地使用它。

1. 安装 bash-completion

```
[root@master ~]# yum install bash-completion -y
```

2. 将补全文件重定向到/etc/profile.d 目录

```
[root@master ~]# kubectl completion bash > /etc/profile.d/k8s.sh
[root@master ~]# bash
```

通过将命令补全文件重定向到/etc/profile.d 目录，命令为 k8s.sh（名称自己定义）。使用 bash 重新登录，此时就有命令补全功能了，如输入 kubectl get no 后，再使用 TAB 键，就可以把 kubectl get nodes 命令补全了。

任务拓展训练

1）使用自己的计算机构建一个双节点的 Kubernetes 集群。
2）检查 Kubernetes 集群状态。

任务 8.2　使用命令编排多机容器

学习情境

搭建 Kubernetes 集群的目的是要在多台主机上部署容器应用，提供用户访问使用，技术主管要求你使用 kuberctl 命令创建 Pod 单元、Deployment 控制器、Service 服务，体验 Kubernetes 的强大功能。

教学内容

1）使用 kuberctl 命令创建 Pod 服务单元

2）使用 kubectl 命令创建 Deployment 控制器

3）使用 kubectl 命令创建 Service 服务

4）使用 kuberctl 命令进行版本的升级和回滚

教学目标

知识目标：
1）掌握 kubectl 命令的使用方法
2）掌握创建服务和暴露服务的方法

能力目标：
1）会使用 kubectl 命令创建 Deployment 控制器
2）会使用 kubectl 命令创建 Service 服务
3）会使用 kubectl 命令升级和回退服务版本

8.2.1　创建 Pod 服务单元

8-2 使用命令行创建 Pod

Pod 是 Kubernetes 的最小调度单元，一个 Pod 中包含一个或者多个容器。所以调度 Pod 非常重要，因为 Pod 里装有容器应用。

Pod 有利于容器间文件共享和数据通信，Pod 中包含一个默认的 Pause 容器，它有一个 IP 地址、一个存储卷，Pod 中的其他容器共享 Pause 容器的 IP 地址和存储，这样就做到了文件共享和相互通信。

1. 创建 Pod

创建 Pod 的语法是 kubectl run 名称 --image=镜像

```
[root@master ~]# kubectl run pod1 --image=nginx:1.8.1
pod/pod1 created
```

通过 Kubectl run 成功创建了一个 Pod 单元，名称是 pod1，在 pod1 里基于 nginx:1.8.1 运行了一个容器。

2. 查看 Pod 简要信息

```
[root@master ~]# kubectl get pod
```

结果如下：

```
NAME    READY   STATUS    RESTARTS   AGE
pod1    1/1     Running   0          4m7s
```

通过 kubectl get pod 查看到 Pod 的名称是 pod1，里边有一个容器，处于 Running 状态。

3. 查看 Pod 详细信息

```
[root@master ~]# kubectl get pod -o wide
```

查询时使用 -o wide 可以查询 Pod 的详细信息，结果如图 8-1 所示。

```
[root@master ~]# kubectl get pod -o wide
NAME   READY   STATUS    RESTARTS   AGE   IP           NODE    NOMINATED NODE   READINESS GATES
pod1   1/1     Running   0          12m   172.16.1.4   node1   <none>           <none>
```

图 8-1 查询 Pod 详细信息

在图 8-1 中，发现 pod1 已运行在了 node1 节点上，IP 地址是 172.16.1.4。

4. 使用 describe 查看 Pod 详细信息

使用 kubectl describe pod 可以查看 Pod 更加详细的信息。

```
[root@master ~]# kubectl describe pod pod1
```

结果如下：

```
Name:         pod1
Namespace:    default
Priority:     0
Node:         node1/192.168.0.20
Start Time:   Tue, 12 Jan 2021 19:13:19 +0800
Labels:       run=pod1
Annotations:  cni.projectcalico.org/podIP: 172.16.1.4/32
Status:       Running
IP:           172.16.1.4
IPs:
  IP:  172.16.1.4
Containers:
  pod1:
    Container ID:   docker://238367e1bb5f0e4da33d4d232e3f662acb8d799ff6c416-2985d41a8406b5ac6a
    Image:          nginx:1.8.1
Events:
  Type    Reason     Age   From               Message
  ----    ------     ----  ----               -------
  Normal  Pulled     18m   kubelet            Container image "nginx:1.8.1" already present on machine
  Normal  Created    18m   kubelet            Created container pod1
  Normal  Started    18m   kubelet            Started container pod1
  Normal  Scheduled  17m   default-scheduler  Successfully assigned default/pod1 to node1
```

通过使用 describe 可以查看 Pod 服务单元的更加详细的信息，包括它的 Events 事件信息，

Events 的最后内容 Successfully assigned default/pod1 to node1 说明它已经成功地调度到 node1 上了。

5. 进入 Pod 容器

```
[root@master ~]# kubectl exec -it pod1 -c pod1 /bin/bash
root@pod1:/#
```

通过使用 describe 查看 pod1 信息，发现在 pod1 中的容器名称是 pod1，和 docker 命令类似，使用 kubectl exec -it pod1 -c pod1 /bin/bash 进入该容器，因为 pod1 中只有一个容器，所以完全可以去掉 -c pod1 而直接进入该容器。

```
[root@master ~]# kubectl exec -it pod1 /bin/bash
root@pod1:/#
```

6. 浏览 Pod 容器应用

因为 pod1 中的容器 IP 地址是 172.16.1.4，所以在 master 节点可以直接使用 curl 访问该容器中的 Nginx 应用。

```
[root@master ~]# curl http://172.16.1.4
```

结果如下：

```
<!DOCTYPE html>
<html>
<head>
<title>Welcome to nginx!</title>
<style>
    body {
        width: 35em;
        margin: 0 auto;
        font-family: Tahoma, Verdana, Arial, sans-serif;
    }
</style>
</head>
<body>
<h1>Welcome to nginx!</h1>
<p>If you see this page, the nginx web server is successfully installed and
working. Further configuration is required.</p>
<p>For online documentation and support please refer to
<a href="http://nginx.org/">nginx.org</a>.<br/>
Commercial support is available at
<a href="http://nginx.com/">nginx.com</a>.</p>
<p><em>Thank you for using nginx.</em></p>
</body>
</html>
```

7. 删除 Pod

删除 Pod 的语法是"kubectl delete pod Pod 名称"。

```
[root@master ~]# kubectl delete pod pod1
pod "pod1" deleted
```

8-3 使用命令行创建 deployment

8.2.2 创建 Deployment 控制器

只创建一个 Pod 是没有什么价值的,因为不能随时扩大或者缩小 Pod 的数量,而且当 Pod 遇到错误关闭后,也不能自动创建新的 Pod 实现自恢复。而通过创建控制器的方式控制 Pod 服务单元,就可以实现自恢复和扩缩容,在 Kubernetes 中,有多种控制器类型,最经常使用的是 Deployment 控制器。

1. 创建控制器

```
[root@master ~]# kubectl create deployment kzq --image=nginx:1.7.9
```

通过 kubectl create deployment 命令创建了控制器,名称是 kzq,使用的镜像是 nginx:1.7.9。

2. 查看控制器

创建控制器后,使用 kubectl get 命令查看 Deployment.apps(按〈Tab〉键补全),可以看到名称为 kzq 的控制器被创建了,状态是 READY(就绪状态),1/1 代表其中包含一个 Pod 服务单元。

```
[root@master ~]# kubectl get deployments.apps
NAME   READY   UP-TO-DATE   AVAILABLE   AGE
kzq    1/1     1            1           2m34s
```

3. 查看 Pod

使用 kubectl get pod 查看当前 Pod,结果如图 8-2 所示。

```
[root@master ~]# kubectl get pod -o wide
NAME                  READY   STATUS    RESTARTS   AGE    IP           NODE    NOMINATED NODE
kzq-c769cb9c4-lljns   1/1     Running   0          5m4s   172.16.1.5   node1   <none>
```

图 8-2 查看控制器 Pod

发现名称为 kzq 的控制器生成了一个 Pod 服务单元,名称是 kzq-c769cb9c4-lljns,运行在 node1 上,IP 地址是 172.16.1.5。这里 Pod 中容器使用的镜像是 nginx:1.7.9,如果在 node1 节点没有该镜像,会首先下载它。

4. 查看控制器的详细信息

使用 kubectl describe deployments.apps 名称,同样可以显示控制器的详细信息。

```
[root@master ~]# kubectl describe deployments.apps kzq
```

结果如下:

```
Name:                   kzq
Namespace:              default
CreationTimestamp:      Tue, 12 Jan 2021 20:55:05 +0800
Labels:                 app=kzq
Annotations:            deployment.kubernetes.io/revision: 1
Selector:               app=kzq
Replicas:               1 desired | 1 updated | 1 total | 1 available | 0
```

```
unavailable
  StrategyType:            RollingUpdate
  MinReadySeconds:         0
  RollingUpdateStrategy:   25% max unavailable, 25% max surge
  Pod Template:
   Labels:  app=kzq
   Containers:
    nginx:
     Image:        nginx:1.7.9
     Port:         <none>
     Host Port:    <none>
     Environment:  <none>
     Mounts:       <none>
   Volumes:        <none>
  Conditions:
    Type           Status    Reason
    ----           ------    ------
    Available      True      MinimumReplicasAvailable
    Progressing    True      NewReplicaSetAvailable
  OldReplicaSets:  <none>
  NewReplicaSet:   kzq-c769cb9c4 (1/1 replicas created)
  Events:
    Type     Reason              Age    From                   Message
    ----    ------              ----   ----                   -------
    Normal   ScalingReplicaSet   11m    deployment-controller  Scaled up replica set kzq-c769cb9c4 to 1
```

通过查询，发现一个控制器主要有 Name（名称）、Namespace（命名空间）、Creation-Timestamp（创建时间）、Labels（标签）、Pod Template（Pod 模板）、Events（事件）等一系列详细信息，如果容器出现问题，可以使用这个命令进行排错。

5. 扩缩容 Pod 数量

（1）扩容 Pod 数量

使用控制器可以很方便地增加 Pod 服务单元数量，也就增加了容器的数量，进而提供更多的容器服务给用户访问。

增加控制器控制的 Pod 数量的命令是"kubectl scale deployment --replicas= 控制器名称"。

```
[root@master ~]# kubectl scale deployment --replicas= kzq
deployment.apps/kzq scaled
```

这里使用--replicas=3 把 Pod 服务单元的个数增加到 3 个。

（2）查看 Pod

```
[root@master ~]# kubectl get pod -o wide
NAME                    READY   STATUS    RESTARTS   AGE   IP           NODE    NOMINATED NODE   READINESS GATES
kzq-c769cb9c4-8pcgt     1/1     Running   0          11s   172.16.1.6   node1   <none>           <none>
kzq-c769cb9c4-cjd98     1/1     Running   0          11s   172.16.1.7   node1   <none>           <none>
kzq-c769cb9c4-lljns     1/1     Running   0          19m   172.16.1.5   node1   <none>           <none>
```

图 8-3　查看当前 Pod

发现由 kzq 控制器控制的 Pod 数量已经增加到了 3 个，都运行在 node1 节点上，IP 地址分别是 172.16.1.6、172.16.1.7、172.16.1.5。

(3) 去掉 master 控制节点污点

当前实验环境只有一个 node1 工作节点，所以把 Pod 都部署到 node1 上了。为什么没有部署到 master 节点呢？这是因为 master 节点作为控制节点，担心 Kubernetes 组件和其他容器发生资源争抢现象，所以在节点上设置了污点。使用 kubectl describe node master 可以查看到它的污点如下。

```
Taints:    node-role.kubernetes.io/master:NoSchedule
```

由于当前只有一个节点，所以把 master 节点的污点去掉，让 Pod 可以部署在 master 上。去掉 master 控制节点污点的方法是 kubectl taint node master node-role.Kubernetes.io/master:NoSchedule-，执行效果如下。

```
[root@master ~]# kubectl taint node master node-role.kubernetes.io/master:NoSchedule-
node/master untainted
```

其中 kubectl taint node 为某个节点设置或删除污点，然后在 master 的污点后加上-，这样就去掉了 master 的污点，这里是受实验环境的要求，才去掉 master 污点，让 Pod 可以部署在 master 节点。在生产环境中，如果节点资源足够多，不建议去掉 master 控制节点的污点。

(4) 再次增加 Pod 数量

去掉 master 污点后，将 kzq 控制器的 Pod 资源数增加到 5 个。

```
[root@master ~]# kubectl scale deployment --replicas=5 kzq
```

再次查看 Pod 服务单元，结果如图 8-4 所示。

```
[root@master ~]# kubectl get pod -o wide
NAME                  READY   STATUS    RESTARTS   AGE     IP            NODE     NOMINATED NODE   READINESS GATES
kzq-c769cb9c4-8pcgt   1/1     Running   0          28m     172.16.1.6    node1    <none>           <none>
kzq-c769cb9c4-9frfz   1/1     Running   0          104s    172.16.0.4    master   <none>           <none>
kzq-c769cb9c4-bstzs   1/1     Running   0          104s    172.16.0.3    master   <none>           <none>
kzq-c769cb9c4-cjd98   1/1     Running   0          28m     172.16.1.7    node1    <none>           <none>
kzq-c769cb9c4-lljns   1/1     Running   0          48m     172.16.1.5    node1    <none>           <none>
```

图 8-4　查看 Pod 部署节点

发现后增加的 2 个 Pod 已经被部署到 master 控制节点了，IP 地址分别是 172.16.0.4 和 172.16.0.3。

(5) Pod 自恢复功能

当删除一个 Pod 后，控制器会自动重新创建一个 Pod，供用户使用。

首先删除一个 Pod。

```
[root@master ~]# kubectl delete pod kzq-c769cb9c4-8pcgt
pod "kzq-c769cb9c4-8pcgt" deleted
```

再使用 kubectl get pod 查看当前 Pod 情况，结果如图 8-5 所示。

```
[root@master ~]# kubectl get pod
NAME                  READY   STATUS    RESTARTS   AGE
kzq-c769cb9c4-494ml   1/1     Running   0          13s
kzq-c769cb9c4-9frfz   1/1     Running   0          7m48s
kzq-c769cb9c4-bstzs   1/1     Running   0          7m48s
kzq-c769cb9c4-cjd98   1/1     Running   0          34m
kzq-c769cb9c4-lljns   1/1     Running   0          54m
```

图 8-5　查看替换的 Pod

发现已经增加了最上面的 Pod 替换了删除的 Pod。

（6）减少 Pod 数量

减少 Pod 数量的方法和增加的方法一样，只需要修改 --replicas 副本的数量就可以了。

```
[root@master ~]# kubectl scale deployment --replicas=3 kzq
```

当减少 Pod 数量到 3 个后，再查看 Pod 单元的数量，结果如图 8-6 所示。

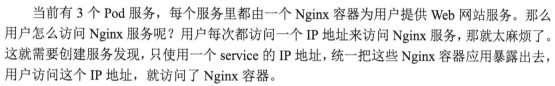

图 8-6　查看缩容后的 Pod

8.2.3　创建服务发现暴露应用

1．服务发现的作用

当前有 3 个 Pod 服务，每个服务里都由一个 Nginx 容器为用户提供 Web 网站服务。那么用户怎么访问 Nginx 服务呢？用户每次都访问一个 IP 地址来访问 Nginx 服务，那就太麻烦了。这就需要创建服务发现，只使用一个 service 的 IP 地址，统一把这些 Nginx 容器应用暴露出去，用户访问这个 IP 地址，就访问了 Nginx 容器。

2．使用服务发现

（1）创建服务发现

当前需要暴露的 Pod 都是由 kzq 创建的，所以想暴露多个 Pod 出去，只需要将 kzq 暴露出去就可以了，语法是 kubectl expose deployment 名称 --port=端口号。

```
[root@master ~]# kubectl expose deployment kzq --port=80
service/kzq exposed
```

这里将 kzq 创建的 Pod 暴露出去，暴露的端口是 80。

（2）查看服务发现

暴露 kzq 之后，Kubernetes 就创建了相对应名称的 kzq（service）。

```
[root@master ~]# kubectl get service
```

结果如下：

```
NAME         TYPE        CLUSTER-IP       EXTERNAL-IP   PORT(S)   AGE
kubernetes   ClusterIP   10.96.0.1        <none>        443/TCP   5h14m
kzq          ClusterIP   10.102.247.172   <none>        80/TCP    7s
```

（3）查看 kzq service 的详细信息

通过 kubectl describe service 名称，可以查看某个 service 的详细信息。

```
[root@master ~]# kubectl describe service kzq
```

结果如下：

```
Name:              kzq
Namespace:         default
Labels:            app=kzq
```

```
           Annotations:         <none>
           Selector:            app=kzq
           Type:                ClusterIP
           IP Families:         <none>
           IP:                  10.102.247.172
           IPs:                 <none>
           Port:                <unset>  80/TCP
           TargetPort:          80/TCP
           Endpoints:           172.16.0.4:80,172.16.1.5:80,172.16.1.7:80
           Session Affinity:    None
           Events:              <none>
```

通过查询发现，kzq 这个 service 对应的 3 个后端服务，分别是 172.16.0.4:80、172.16.1.5:80、172.16.1.7:80。

（4）通过 service 访问 Nginx 容器应用

10.102.247.172 这个 IP 地址是虚拟的，可以在 Kubernetes 集群内部使用，通过访问 service 的 IP 地址 10.102.247.172 就可以访问 3 个 Nginx 容器应用了。

```
[root@master ~]# curl 10.102.247.172
<!DOCTYPE html>
<html>
<head>
<title>Welcome to nginx!</title>
```

但这时不知道访问的究竟是哪个 Nginx 容器服务。可以分别进入容器，修改首页内容。

1）修改第一个 Pod 主页为 web1。

```
[root@master ~]# kubectl exec -it kzq-c769cb9c4-9frfz /bin/bash
root@kzq-c769cb9c4-9frfz:/# cd /usr/share/nginx/html/
root@kzq-c769cb9c4-9frfz:/usr/share/nginx/html# echo web1 > index.html
```

2）修改第二个 Pod 主页为 web2。

```
[root@master ~]# kubectl exec -it kzq-c769cb9c4-cjd98 /bin/bash
root@kzq-c769cb9c4-cjd98:/# cd /usr/share/nginx/html/
root@kzq-c769cb9c4-cjd98:/usr/share/nginx/html# echo web2 > index.html
```

3）修改第三个 Pod 主页为 web3。

```
[root@master ~]# kubectl exec -it kzq-c769cb9c4-lljns /bin/bash
root@kzq-c769cb9c4-lljns:/# cd /usr/share/nginx/html/
root@kzq-c769cb9c4-lljns:/usr/share/nginx/html# echo web3 > index.html
```

4）再次使用 Service 的 IP 地址访问服务。

```
[root@master ~]# curl 10.102.247.172
web3
[root@master ~]# curl 10.102.247.172
web1
[root@master ~]# curl 10.102.247.172
web2
```

这次访问能够发现访问的具体容器，同时实现负载均衡了。

5）配置 NodePort Service 实现集群外访问服务。

当前的 service 只能实现在集群内部访问后端服务，如何实现在集群的外部访问这些容器服务呢？

service 默认的类型是 ClusterIP，只需要将 ClusterIP 类型修改为 NodePort 类型，就可以实现外部访问了，方法是使用 kubectl edit 命令编辑 kzq service。

```
[root@master ~]# kubectl edit service kzq
```

将倒数第三行的 type: ClusterIP 修改为 type: NodePort，保存并退出。

再使用命令查看 kzq 控制器。

```
[root@master ~]# kubectl get service kzq
NAME   TYPE       CLUSTER-IP       EXTERNAL-IP   PORT(S)        AGE
kzq    NodePort   10.102.247.172   <none>        80:31629/TCP   73m
```

发现此时的类型已经是 NodePort 类型了，向外部访问暴露的端口是 31629。

此时在外部的 Windows 系统中使用浏览器访问该服务的方法是 http://192.168.0.10:31629 或者 http://192.168.0.20:31629，即任何一个节点的 IP 地址加上端口号就可以了。访问结果如图 8-7 所示。

图 8-7　外部访问服务

8.2.4　更新与回滚服务版本

1．更新服务版本

当前容器运行的是 nginx:1.7.9，在生产环境中，升级服务版本是经常要做的事情。以下通过命令升级 nginx:1.7.9 到 nginx:1.8.1。

（1）查看容器名称

通过查看一个 Pod 的详细信息，查找到当前容器的名称。

```
[root@master ~]# kubectl describe pod kzq-c769cb9c4-9frfz
```

在结果中的容器部分，发现容器的名称是 nginx。

```
Containers:
  nginx:
```

（2）更新镜像版本

使用 kubectl set image deployment kzq 命令修改 nginx 容器的镜像。

```
[root@master ~]# kubectl set image deployment kzq nginx=nginx:1.8.1
deployment.apps/kzq image updated
```

这里 set image 是设置镜像，deployment kzq 是设置 kzq 这个控制器。nginx=nginx:1.8.1 指的是设置 nginx 容器的镜像是 nginx:1.8.1。

(3) 查看更新后版本

首先查看更新后的 Pod，如图 8-8 所示。

```
[root@master ~]# kubectl get pod -o wide
NAME                 READY   STATUS    RESTARTS   AGE   IP           NODE     NOMINATED NODE   READINESS GATES
kzq-678778b9b7-4rg62   1/1     Running   0          11m   172.16.1.8   node1    <none>           <none>
kzq-678778b9b7-cxdcr   1/1     Running   0          11m   172.16.0.8   master   <none>           <none>
kzq-678778b9b7-qcf86   1/1     Running   0          11m   172.16.0.7   master   <none>           <none>
```

图 8-8　查看更新版本后的 Pod

然后使用 curl -I 查询某个 IP 地址的服务器信息。

```
[root@master ~]# curl -I 172.16.1.8
```

结果如下：

```
HTTP/1.1 200 OK
Server: nginx/1.8.1
Date: Tue, 12 Jan 2021 15:05:32 GMT
Content-Type: text/html
Content-Length: 612
Last-Modified: Tue, 26 Jan 2016 15:24:47 GMT
Connection: keep-alive
ETag: "56a78fbf-264"
Accept-Ranges: bytes
```

信息中的 Server: nginx/1.8.1 表明版本已经更新到 nginx:1.8.1 了。

2. 回退服务版本

如果发现新的服务版本有问题，需要回退到之前的版本，如何实现呢？

（1）查看历史版本

通过 kubectl rollout history 可以查看某个控制器的历史版本信息。

```
[root@master ~]# kubectl rollout history deployment kzq
```

结果如下：

```
deployment.apps/kzq
REVISION   CHANGE-CAUSE
1          <none>
2          <none>
```

发现这里有 2 个历史版本。

（2）回滚到 nginx:1.7.9

这里发现有两个历史版本，第一个是 nginx:1.7.9，第二个是 nginx:1.8.1，所以回退到 nginx:1.7.9 就是回退到历史版本 1，使用如下命令。

```
[root@master ~]# kubectl rollout undo deployment kzq --to-revision 1
deployment.apps/kzq rolled back
```

其中 kubectl rollout undo deployment 的作用是回退某个控制器的版本。
--to-revision 1 就是回退到历史 1 版本，也就是 nginx:1.7.9。

（3）访问服务

首先查看回退后的 Pod 信息，如图 8-9 所示。

```
[root@master ~]# kubectl get pod -o wide
NAME                   READY   STATUS    RESTARTS   AGE     IP            NODE     NOMINATED NODE   READINESS GATES
kzq-c769cb9c4-jsf2z    1/1     Running   0          2m43s   172.16.0.9    master   <none>           <none>
kzq-c769cb9c4-vkpks    1/1     Running   0          2m42s   172.16.0.10   master   <none>           <none>
kzq-c769cb9c4-wnfdt    1/1     Running   0          2m45s   172.16.1.9    node1    <none>           <none>
```

图 8-9　回退版本后的 Pod

然后使用 curl -I 访问其中一个 Pod，查看服务器信息。

```
[root@master ~]# curl -I 172.16.0.9
```

结果如下：

```
HTTP/1.1 200 OK
Server: nginx/1.7.9
Date: Tue, 12 Jan 2021 15:15:41 GMT
Content-Type: text/html
Content-Length: 612
Last-Modified: Tue, 23 Dec 2014 16:25:09 GMT
Connection: keep-alive
ETag: "54999765-264"
Accept-Ranges: bytes
```

其中的 Server: nginx/1.7.9 表明版本已经回退成功了。

任务拓展训练

1）创建一个 Deployment 控制器，名称是 mycontrol，使用 httpd 镜像。
2）扩充 mycontrol 的 Pod 数量到 5 个。
3）创建 Service 服务，暴露 mycontrol 控制器中的容器服务。

▶任务 8.3　使用 YAML 文件编排多机容器

学习情境

在生产环境中，很少使用命令行的方式部署容器，而是使用编写 YAML 文件的方式部署多机容器。技术主管要求你会编写基本的 YAML 文件，然后基于 YAML 文件部署多机容器应用。

教学目标

知识目标：
1）掌握 YAML 的基本语法
2）掌握使用 Explain 编写 YAML 文件方法
能力目标：
1）会使用 YAML 文件创建 Pod
2）会使用 YAML 文件创建 Service
3）会使用 YAML 文件创建 Deployment

教学内容

1）使用 YAML 文件创建 Pod
2）使用 YAML 文件创建 Service
3）使用 YAML 文件创建 Deployment

8.3.1 YAML 文件概述

1. 使用 YAML 文件方式运维的原因

使用命令行创建 Kubernetes 相关资源后，不便于审计和修改，因为当某个运维人员使用命令创建了集群应用，过段时间，就连自己都会忘记，更不便于修改了，同时，也不能够进行复用，即当集群遇到问题停止后，还需要重新再敲命令启动集群，费时费力。

使用 YAML 文件定义 Kubernetes 的资源，构建集群应用。就可以很好地实现审计、修改、复用。使用 YAML 文件定义资源，还可以完成使用命令不能完成的一些细节操作，所以在实际工作中，都是通过编写 YAML 文件的方式来创建资源，构建集群容器应用。

2. YAML 文件语法规则

1）YAML 文件对大小写是敏感的。
2）使用缩进表示层级关系，使用空格缩进，相同层级的元素左侧必须对齐。
3）"#" 表示注释。
4）在冒号、逗号字符后，要加上空格，再添加内容。

3. YAML 文件常用关键字段

1）apiVersion（服务版本）：使用 apiVerison 关键字定义某个资源的版本。
2）kind（资源类型）：定义创建资源的类型，如创建一个 Pod，则定义一个值为 Pod。
3）metadata（元数据）：通过元数据可以定义资源的名称、标识、注解等信息。
4）spec（定义）：spec 是定义资源时最复杂的部分，使用它定义资源的详细信息。

8-5 使用 YAML 文件创建 Pod

8.3.2 使用 YAML 文件创建 Pod

1. 使用 explain 查看 Pod 资源字段

在编写 YAML 文件时，有一个非常好用的命令是 kubectl explain，可以使用它解释任何想定义的内容，这里要定义一个 Pod，所以使用 kubectl expain pod 来查看 Pod 资源需要定义的字段信息。

```
[root@master ~]# kubectl explain pod
```

结果如下：

```
KIND:     Pod
VERSION:  v1
DESCRIPTION:
     Pod is a collection of containers that can run on a host. This resource is
     created by clients and scheduled onto hosts.
FIELDS:
apiVersion  <string>
     APIVersion defines the versioned schema of this representation of an
     object. Servers should convert recognized schemas to the latest internal
     value, and may reject unrecognized values. More info:
     https://git.k8s.io/community/contributors/devel/sig-architecture/api-conventions.md#
     resources
```

```
kind    <string>
Kind is a string value representing the REST resource this object
represents. Servers may infer this from the endpoint the client submits
requests to. Cannot be updated. In CamelCase. More info:
https://git.k8s.io/community/contributors/devel/sig-architecture/api-c
onventions.md#types-kinds
metadata    <Object>
     Standard object's metadata. More info:
https://git.k8s.io/community/contributors/devel/sig-architecture/api-c
onventions.md#metadata
spec    <Object>
     Specification of the desired behavior of the pod. More info:
https://git.k8s.io/community/contributors/devel/sig-architecture/api-c
onventions.md#spec-and-status
status    <Object>
     Most recently observed status of the pod. This data may not be up to
date.
     Populated by the system. Read-only. More info:
```

通过查看 Pod 资源的关键字段，发现它有五个字段需要定义，其中重要的字段有四个，分别是 apiVersion、kind、metadata、spec。

通过观察 **apiVersion** <string> **kind** <string>，说明 apiVerson 和 kind 字段的值都是字符串。

根据最上边的两行 KIND: Pod 和 VERSION: v1，可以看出 apiVerson 的版本是 v1，kind 的值是 Pod。

通过观察 **metadata** <Object> 和 **spec** <Object>的值都是对象类型，说明在这两个字段下还有很多具体的内容需要定义，可以通过 explain 命令继续进行字段的解读，比如想查询 metadata 字段下需要定义哪些内容，可以通过 kubectl explain pod.metadata 进行查询，以此类推，还可以继续查询更下级字段的详细信息。

2. 编写 YAML 文件定义 Pod

首先建立一个目录 yaml（名称自己定义），然后在该目录下创建一个 pod.yaml 文件，注意扩展名为.yaml。打开文件，在其中输入如下内容。

```
#定义服务版本
apiVersion: v1
#定义资源类型
kind: Pod
#定义元数据
metadata:
  name: pod1
  labels:
     app: nginx
#定义 Pod 中容器使用镜像和暴露端口
spec:
  containers:
  - name: nginx
    image: nginx:1.7.9
    ports:
    - name: port1
```

```
          containerPort: 80
```
（1）语义解释

这里使用 apiVersion 定义了 Api 的版本，使用 kind 定义了资源的类型为 Pod，注意 P 要大写，使用 metadata 定义 Pod 资源的名称为 pod1，标识为 app:nginx。

使用 spec 字段下的 containers 字段定义了一个容器，名称是 nginx，使用的镜像是 nginx:1.7.9，容器暴露的端口是 80。

（2）语法解释

apiVersion、kind、metadata、spec 都是顶级的同级关键字，需要最左侧对齐，apiVersion 和 kind 的值在冒号的后边加空格，然后直接输入就可以了。

metadata 和 spec 是对象类型的数据，它们有很多下一级的字段，所以在冒号的后边需要换行。

每个字段下的同级字段需要对齐，如 metata 下的 name 和 labels 字段要对齐。

在 spec 下一级的 containers 字段，通过 kubectl explain pod.spec 查询 containers 字段的描述如下。

```
          containers    <[]Object> -required-
```

说明 containers 字段是对象数组，也就是在 containers 字段下可以定义多个容器，通过 required 描述可以知道，这个字段是 spec 下的必需字段，在 containers 下定义每个容器的名称、镜像、端口等信息。由于可以定义多个容器，所以在定义每个容器时，需要在前边加上-号，加空格后，再写 name: nginx。如果还有其他容器，继续使用-开始书写。

同理，通过 kubectl explain pod.spec.containers 可以发现 ports 也是一个对象数组类型，所以在 containerPort: 80 前也加上-号和空格。

3．创建 Pod

基于 YAML 文件创建资源的语法是"kubectl apply -f 文件名"，选项-f 指定文件名称。

```
     [root@master yaml]# kubectl apply -f pod.yaml
     pod/pod1 created
```

创建完成后，查询 pod1 的信息，结果如图 8-10 所示。

```
     [root@master yaml]# kubectl get pod pod1 -o wide
```

```
[root@master yaml]# kubectl get pod pod1 -o wide
NAME   READY   STATUS    RESTARTS   AGE   IP            NODE     NOMINATED NODE   READINESS GATES
pod1   1/1     Running   0          85s   172.16.0.14   master   <none>           <none>
```

图 8-10　查询 pod1 信息

发现 pod1 已经被调度到 master 节点上，并成功运行了。

4．修改 Pod

修改 Pod 的方法非常简单，只需修改 pod.yaml 文件内容，然后重新运行 kubectl apply -f pod.yaml 就可以了。

5．删除 Pod

使用命令"kubectl delete -f 文件名称"可以基于 YAML 文件删除资源。

```
     [root@master yaml]# kubectl delete -f pod.yaml
     pod "pod1" deleted
```

8.3.3 使用 YAML 文件创建 Deployment 控制器

创建单个 Pod 资源是没有实际价值的,因为它既不能实现自动扩缩容,也不能实现停止之后自动启动,所以要通过创建控制器来控制 Pod 资源,进而控制容器应用。

8-6
使用 YAML 文件创建 Deployment

1. 使用 explain 查看 deployment 资源字段

```
[root@master yaml]# kubectl explain deployment
```

结果如下:

```
KIND:     Deployment
VERSION:  apps/v1
DESCRIPTION:
     Deployment enables declarative updates for Pods and ReplicaSets.
FIELDS:
apiVersion   <string>
     APIVersion defines the versioned schema of this representation of an
kind    <string>
     Kind is a string value representing the REST resource this object
metadata     <Object>
     Standard object metadata.
spec <Object>
     Specification of the desired behavior of the Deployment.
```

通过 deployment 资源的描述信息,可以发现,它同样有四个比较重要的字段,分别是 apiVersion、kind、metadata、spec。

最上边两行提示 APIVersion 版本是 apps/v1,kind 资源类型为 Deployment。

在 metadata 元数据字段中,定义名称和标识等信息。

在 spec 字段中,定义控制器的 Pod 模板等重要信息。

2. 编写 YAML 文件定义 Deployment

在 yaml 目录中,创建文件 de.yaml,在其中输入以下内容:

```
apiVersion: apps/v1
kind: Deployment
metadata:
  name: de1
spec:
  template:
    metadata:
      labels:
        app: nginx
    spec:
      containers:
      - name: nginx
        image: nginx:1.7.9
        ports:
        - name: p1
          containerPort: 80
  selector:
```

```
        matchLabels:
            app: nginx
    replicas: 3
```

(1) 语义解释

定义 APIVersion 的版本号是 apps/v1,资源类型是 Deployment,通过 metadata 中的 name 字段定义了名称是 de1。

在 spce 字段下使用 template 定义了一个 Pod 模板,这个模板的标签是 app:nginx,在这个模板中,定义了一个容器,名称是 nginx,使用的镜像是 nginx:1.7.9,容器暴露的端口是 80。

在 spec 字段下定义了 selector 字段,这个字段的作用是定义 deployment 控制器控制哪些标签的 Pod,因为在使用 template 定义 Pod 模板时,定义了 Pod 模板标签是 app: nginx,所以这里定义了 matchLabels 是 app: nginx。

在 spec 字段下使用 replicas: 3 定义了 Pod 的数量是 3 个。

(2) 语法解释

最顶级的四个字段是 apiVersion、kind、metadata、spec,在最左侧对齐。

在 spec 下有三个子字段,分别是 template、selector、replicas,必须把这三个字段对齐。

3. 创建 deployment

使用 kubectl apply 创建 deployment。

```
[root@master yaml]# kubectl apply -f de.yaml
deployment.apps/de1 created
```

4. 查询 de1 的信息

```
[root@master yaml]# kubectl get deployments.apps de1
NAME    READY   UP-TO-DATE   AVAILABLE   AGE
de1     3/3     3            3           93s
```

发现 de1 控制器有 3 个 Pod,都处于 READY(就绪)状态了。

5. 查询 de1 控制器控制的 Pod

```
[root@master yaml]# kubectl get pod
```

结果如下:

```
NAME                        READY   STATUS    RESTARTS   AGE
de1-86597dd8d6-7rsgm        1/1     Running   0          2m43s
de1-86597dd8d6-g8xzw        1/1     Running   0          2m43s
de1-86597dd8d6-l6x2x        1/1     Running   0          2m43s
```

发现 de1 控制了 3 个 Pod,都是运行状态。

6. 修改 YAML 文件

进入 de.yaml,将 replicas 的副本数修改成 4 个,保存,重启基于 YAML 文件创建的控制器。

```
[root@master yaml]# kubectl apply -f de.yaml
deployment.apps/de1 configured
```

再检查 Pod 的数量,发现已经是 4 个 Pod 了,可见通过修改 YAML 文件部署资源非常方便。

```
[root@master yaml]# kubectl get pod
```

结果如下:

```
NAME                     READY    STATUS     RESTARTS    AGE
de1-86597dd8d6-7rsgm     1/1      Running    0           5m36s
de1-86597dd8d6-g8xzw     1/1      Running    0           5m36s
de1-86597dd8d6-k72mm     1/1      Running    0           7s
de1-86597dd8d6-l6x2x     1/1      Running    0           5m36s
```

8.3.4 使用 YAML 文件创建服务发现

8-7 使用 YAML 文件创建 Service 服务发现

以上通过控制器创建了 4 个 Pod,每个 Pod 中有一个 Nginx 容器,但如何访问这四个 Nginx 容器服务呢?方法是通过创建服务发现,构建一个前端的负载均衡,然后通过负载均衡的 IP 地址访问后端的 4 个 Pod 应用。

1. 使用 explain 查看 Service 资源字段

```
[root@master yaml]# kubectl explain service
```

结果如下:

```
KIND:     Service
VERSION:  v1
FIELDS:
   apiVersion   <string>
   kind <string>
     Kind is a string value representing the REST resource this object
     represents. Servers may infer this from the endpoint the client submits
   metadata <Object>
     Standard object's metadata. More info:
   spec <Object>
     Spec defines the behavior of a service.
```

通过描述信息发现,服务发现的重要字段也是 4 个,分别是 apiVerson、kind、metadata、spec,最上边的两行表明 APIVersion 的版本是 v1,kind 资源类型是 Service,metadata 定义元数据,重要的信息还是在 spec 中定义。

2. 编写 YAML 文件定义 Service

在 yaml 目录中,创建文件 s1.yaml,在 s1.yaml 文件中输入以下内容。

```
apiVersion: v1
kind: Service
metadata:
   name: mynginx
spec:
   selector:
     app: nginx
   ports:
   - name: http80
     port: 80
     targetPort: 80
```

(1)语义解释

使用 apiVersion 定义了版本为 v1,使用 kind 定义了资源类型为 Service,在 metadata 中使用 name 定义了名称为 mynginx。

在 spec 中,使用了 2 个字段,第一个是 selector,这个字段特别重要,service 就是通过这个字段找到后端的 Pod 中的容器，因为在定义 Deployment 的 Pod 模板时，定义了 Pod 的标识是 app: nginx，所以这里 selector 的值必须写成 app: nginx，这样它就能找到后端的 Pod 容器了。

在 spec 中定义的第二个字段是 ports，映射的访问端口是 80，对应后端的端口也是 80。

（2）语法解释

在 spec 下的 selector 字段和 ports 字段对齐。

3．创建 Service

```
[root@master yaml]# kubectl apply -f s1.yaml
service/mynginx created
```

4．查询 mynginx 服务发现的详细信息

```
[root@master yaml]# kubectl describe service mynginx
```

结果如下：

```
Name:                 mynginx
Namespace:            default
Labels:               <none>
Annotations:          <none>
Selector:             app=nginx
Type:                 ClusterIP
IP Families:          <none>
IP:                   10.107.94.159
IPs:                  <none>
Port:                 http80  80/TCP
TargetPort:           80/TCP
Endpoints:            172.16.0.17:80,172.16.0.18:80,172.16.0.20:80 + 4 more...
Session Affinity:     None
Events:               <none>
```

发现服务的 IP 是 10.107.94.159，通过 Selector:app=nginx，对应了 4 个后端的容器服务。

5．访问服务

```
[root@master yaml]# curl 10.107.94.159
```

结果如下：

```
<!DOCTYPE html>
<html>
<head>
<title>Welcome to nginx!</title>
```

可以在集群内部访问服务了。

6．配置在集群外部访问服务

（1）修改配置文件

打开 s1.yaml 文件，和 ports 对齐，加上 type: NodePort，配置类型是节点端口模式，同时在 ports 下，加入 nodePort: 30000，设置在外部访问的端口，这个值最小是 30000。

```
ports:
- name: http80
  port: 80
  targetPort: 80
  nodePort: 30000
```

```
       type: NodePort
```

（2）重新启动服务

```
[root@master yaml]# kubectl apply -f s1.yaml
service/mynginx configured
```

（3）查询名称为 mynginx 的服务

```
[root@master yaml]# kubectl get services mynginx
NAME       TYPE       CLUSTER-IP      EXTERNAL-IP   PORT(S)        AGE
mynginx    NodePort   10.107.94.159   <none>        80:30000/TCP   9m33s
```

发现类型是 NodePort 类型了，开放的端口是 30000，这时就可以使用节点的 IP 加端口号访问 Pod 容器服务了。

（4）在 Windows 中访问服务

在 Windows 中使用浏览器访问 http://192.168.0.10:30000，结果如图 8-11 所示。

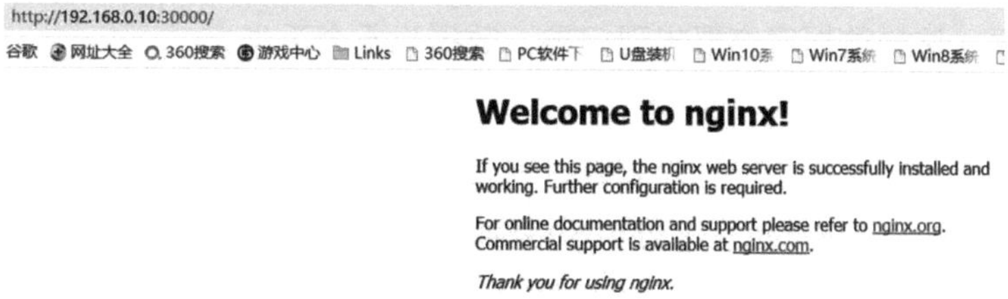

图 8-11 集群外部成功访问了集群内服务

 任务拓展训练

1）编写 YAML 文件创建一个 Deployment 控制器，使用的镜像是 httpd，副本数是 2。
2）编写 YAML 文件创建服务发现，在集群外部访问 httpd 服务。

▶任务 8.4 使用 Kubernetes 部署动态 Web 集群

学习情境

在学会了使用 YAML 文件创建资源之后，技术主管要求你在 Kubernetes 集群上部署一个动态 Web 应用，要求 Web 容器可以动态伸缩，还要实现 Web 程序的数据一致性，同时持久化数据库的数据。

教学目标

知识目标：
1）掌握在 K8s 中程序数据一致性的实现方法
2）掌握持久化数据库数据的方法
能力目标：
1）会编写 YAML 文件部署 Web 集群服务
2）会编写 YAML 文件部署数据库服务

 教学内容

1）搭建配置 NFS 服务
2）编写 YAML 文件创建 Web 服务
3）编写 YAML 文件创建数据库服务

8.4.1 Web 集群部署架构

8-8
使用 YAML 文件创建 Web 服务

该任务要部署的集群架构如图 8-12 所示。

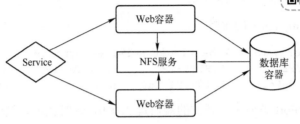

图 8-12　Web 集群架构图

集群通过部署 Pod 服务来部署多个 Web 容器，这些 Web 容器要共享网络上共同的 Web 程序，因为这样才能保证所有 Web 容器中的数据都是一致的，同时，数据库容器的数据需要持久化到 NFS 中，这样数据库容器出现问题，数据也不会丢失。

8.4.2 搭建 NFS 服务

由于实验环境只有两台主机，所以把 NFS 部署在 Master 节点上，为 Master 和 Node 节点提供数据存储服务。

1．安装 NFS

首先在 Master 节点安装 NFS 服务。

```
[root@master ~]# yum install nfs-utils -y
```

在安装结束后，就会显示如下内容，说明安装成功了。

```
nfs-utils.x86_64 1:1.3.0-0.68.el7
```

2．配置 NFS

（1）创建共享目录

在/目录下创建 Web 目录：

```
[root@master ~]# mkdir /web
[root@master ~]# mkdir /mysql
```

（2）上传 Web 应用源程序，修改权限

在/web 目录下上传一个内容管理系统 dami 源程序。

```
[root@master web]# ls
dami
```

设置可写权限：

```
[root@master web]# chmod -R 777 dami
```

设置权限的目的是让用户可以写入内容。

（3）修改/etc/exports 配置文件

```
[root@master ~]# vim /etc/exports
```

打开/etc/exports 后，输入以下内容：

```
/web/dami    192.168.0.0/24(rw,no_root_squash)
/mysql       192.168.0.0/24(rw,no_root_squash)
```

把两个共享目录配置给 192.168.0.0/24 网络上的主机，设置读写和 root 用户访问权限。配置完成后，启动 NFS 服务。

```
[root@master ~]# systemctl start nfs
```

然后使用 showmount -e 192.168.0.10 查看 NFS 的共享目录：

```
[root@master ~]# showmount -e 192.168.0.10
Export list for 192.168.0.10:
/mysql   (everyone)
/web     (everyone)
```

8.4.3 部署动态 Web 集群

1. 构建支持 PHP 程序镜像

（1）编写 Dockerfile

在/root 目录下创建 php 目录，进入 php 目录，创建 Dockerfile 文件，打开 Dockerfile，输入以下内容：

```
#指定基础镜像
FROM centos:7
#安装 httpd php 和 php 的支持组件
RUN  yum install httpd php php-mysql php-gd -y
#暴露 80 服务端口
EXPOSE 80
#启动容器时在前台运行 httpd
CMD ["/usr/sbin/httpd","-DFOREGROUND"]
```

这个 Dockerfile 用来制作一个支持 PHP 应用程序的镜像，在 Dockerfile 中，不要复制具体的程序到指定目录，因为需要通过这个镜像部署多个容器，具体的程序要通过挂载 NFS 中的数据获得。

（2）构建镜像

在 Dockerfiel 目录下使用 docker build -t 构建一个 php:v1 的 Docker 镜像。

```
[root@master php]# docker build -t php:v1 .
```

结果如下：

```
Step 1/4 : FROM centos:7
 ---> 8652b9f0cb4c
Step 2/4 : RUN  yum install httpd php php-mysql php-gd -y
Step 3/4 : EXPOSE 80
 ---> Running in bd5479f406be
Removing intermediate container bd5479f406be
 ---> 4d075f291fa2
Step 4/4 : CMD ["/usr/sbin/httpd","-DFOREGROUND"]
 ---> Running in 5d77ee95973d
```

```
Removing intermediate container 5d77ee95973d
 ---> 83cc6c3ff514
Successfully built 83cc6c3ff514
Successfully tagged php:v1
```

以上经过四个步骤成功地构建了 php:v1 镜像。

2. 编写 YAML 文件

在 yaml 目录中，创建 dami.yaml 文件。

```
[root@master yaml]# vim dami.yaml
```

在打开的文件中，输入以下内容。

```
kind: Deployment
metadata:
  name: de2
spec:
  template:
    metadata:
      labels:
        app: dami
    spec:
      containers:
      - name: dami
        image: php:v1
        ports:
        - name: p1
          containerPort: 80
        volumeMounts:
        - name: nfs1
          mountPath: /var/www/html
      volumes:
      - name: nfs1
        nfs:
          path: /web/dami
          server: 192.168.0.10
  selector:
    matchLabels:
      app: dami
  replicas: 3
```

（1）语义解释

定义 APIVersion 的版本号是 apps/v1，资源类型是 Deployment，通过 metadata 中的 name 字段定义了名称是 de2。

在 spce 字段下使用 template 定义了一个 Pod 模板，这个模板的标签是 app: dami，在这个模板中，定义了一个容器，名称是 dami，使用的镜像是 php:v1，容器暴露的端口是 80。

在 spec 字段下定义了 selector 字段，这个字段的作用是定义 deployment 控制器控制哪些标签的 Pod，因为在使用 template 定义 Pod 模板时，定义了 Pod 模板标签是 app: dami，所以这里定义了 matchLabels 是 app: dami。

在与 containers 字段对齐的 volumes 字段中，指定了容器挂载的服务器和目录，在与 name、

images、ports 对齐的 volumeMounts 字段，定义了挂载到容器中的具体目录，这样就实现了把 NFS 服务的/web/dami 目录挂载到了容器 Web 服务的根目录/var/www/html。

在 spec 字段下使用 replicas: 3 定义了 Pod 的数量是 3 个。

（2）语法解释

顶级的四个字段是 apiVersion、kind、metadata、spec，在最左侧对齐。

在 spec 下有三个子字段，分别是 template、selector、replicas，必须把这三个字段对齐。

volumes 要与 containers 字段对齐，volumeMounts 要与 name、images、ports 对齐。

3．基于 YAML 文件构建 Web 容器应用集群

（1）在 Node 节点构建 php:v1 镜像

因为在创建 Pod 时，需要镜像的支持，所以在 Node 节点也应该包含该镜像，可以通过配置镜像仓库，从 Master 节点上传，然后在 Node 节点下载，这里直接用 Dockerfile 构建。

将在 Master 节点的文件复制到 node1 节点上：

```
[root@master php]# scp Dockerfile root@node1:/root/php
```

使用 docker build -t 进行构建。

```
[root@node1 php]# docker build -t php:v1 .
Successfully tagged php:v1
```

（2）创建 Deployment

```
[root@master yaml]# kubectl apply -f dami.yaml
deployment.apps/de2 created
```

（3）查看 Pod 数量

查看 Pod 数量，结果如图 8-13 所示。

```
[root@master yaml]# kubectl get pod -o wide
NAME                READY   STATUS    RESTARTS   AGE   IP            NODE     NOMINATED NODE   READINESS GATES
de2-876487cc-5x98d  1/1     Running   0          14s   172.16.1.22   node1    <none>           <none>
de2-876487cc-8hfk7  1/1     Running   0          14s   172.16.0.48   master   <none>           <none>
de2-876487cc-jpg87  1/1     Running   0          14s   172.16.1.21   node1    <none>           <none>
```

图 8-13　查看 Pod

（4）创建 NodePort 类型的 service

1）编写 YAML 文件。在 yaml 目录中创建 s2.yaml，在其中输入如下内容：

```
apiVersion: v1
kind: Service
metadata:
  name: s2
spec:
  selector:
    app: dami
  ports:
  - name: http80
    port: 80
    targetPort: 80
    nodePort: 30001
  type: NodePort
```

这里创建了 NodePort 类型的 service，开放的节点端口是 30001，其中最重要的是 selector

字段的值是 app: dami，因为在定义控制时，Pod 模板标签是 app: dami。这样，就可以在 Windows 中使用浏览器访问 Pod 内的容器应用了。

2）创建 service。使用 kubectl apply -f 创建 service。

```
[root@master yaml]# kubectl apply -f s2.yaml
service/s2 created
```

然后查看 s2 的具体信息：

```
[root@master yaml]# kubectl describe service s2
```

结果如下：

```
Name:                    s2
Namespace:               default
Labels:                  <none>
Annotations:             <none>
Selector:                app=dami
Type:                    NodePort
IP Families:             <none>
IP:                      10.109.187.98
IPs:                     <none>
Port:                    http80  80/TCP
TargetPort:              80/TCP
NodePort:                http80  30001/TCP
Endpoints:               172.16.0.48:80,172.16.1.21:80,172.16.1.22:80
Session Affinity:        None
External Traffic Policy: Cluster
Events:                  <none>
```

发现 s2 服务发现已经可以负载均衡到后端的三个容器应用了。

3）在 Windows 中访问。在 Windows 中，使用浏览器访问 http://192.168.0.10:30001，结果如图 8-14 所示。

图 8-14　集群外部访问动态 Web 应用

能访问到这个界面，说明容器已经挂载到 NFS 服务器的程序目录。

8.4.4 部署 MySQL 数据库

安装容器应用时需要连接到数据库,如图 8-15 所示。

图 8-15 连接数据库配置

所以需要把数据库容器也部署上。

1. 编写构建数据库容器的 YAML 文件

在 yaml 目录中创建 mysql.yaml 文件,打开文件,输入如下内容。

```
apiVersion: apps/v1
kind: Deployment
metadata:
  name: de3
spec:
  template:
    metadata:
      labels:
        app: mysql
    spec:
      containers:
      - name: mysql
        image: mysql:5.7
        env:
         - name: MYSQL_ROOT_PASSWORD
           value: "1"
        ports:
        - containerPort: 3306
        volumeMounts:
        - name: nfs1
          mountPath: /var/lib/mysql
      volumes:
        - name: nfs1
          nfs:
            path: /mysql
            server: 192.168.0.10

  selector:
    matchLabels:
      app: mysql
```

(1) 语义解释

定义 APIVersion 的版本号是 apps/v1，资源类型是 Deployment，通过 metadata 中的 name 字段定义了名称是 de3。

在 spec 字段下使用 template 定义了一个 Pod 模板，这个模板的标签是 app: mysql，在这个模板中，定义了一个容器，名称是 mysql，使用的镜像是 MySQL:5.7，容器暴露的端口是 3306，通过 env 字段定义了 root 用户的密码是 1。

在 spec 字段下定义了 selector 字段，这个字段的作用是定义 deployment 控制器控制哪些标签的 Pod，因为在使用 template 定义 Pod 模板时，定义了 Pod 模板标签是 app: mysql，所以这里定义了 matchLabels 是 app: mysql。

在与 containers 字段对齐的 volumes 字段中，指定了容器挂载的服务器和目录，在与 name、images、ports 对齐的 volumeMounts 字段，定义了挂载到容器中的具体目录，这样就实现了把 NFS 服务的/mysql 目录挂载到了容器 Web 服务的根目录/var/lib/mysql，实现数据库数据持久化。

(2) 语法解释

最顶级的四个字段是 apiVersion、kind、metadata、spec，在最左侧对齐。

在 spec 下有两个子字段，分别是 template、selector，必须把这两个字段对齐。

volumes 要与 containers 字段对齐，volumeMounts 要与 name、images、ports 对齐。

在使用 env 定义环境变量时，一定要在 value 后边的数值上加上双引号。

2．基于 YAML 文件创建 de3 控制器

```
[root@master yaml]# kubectl apply -f mysql.yaml
deployment.apps/de3 created
```

3．查看 de3 控制器控制的 Pod 服务

通过 kubectl get pod 查看 Pod，结果如图 8-16 所示。

发现 de3 控制器控制的 Pod 已经运行在 Master 上了，IP 地址是 172.16.0.61。

```
[root@master yaml]# kubectl get pod -o wide
NAME                  READY   STATUS    RESTARTS   AGE   IP            NODE     NOMINATED NODE   READINESS GATES
de2-876487cc-6nnbx    1/1     Running   0          68m   172.16.0.57   master   <none>           <none>
de2-876487cc-lxtbz    1/1     Running   0          68m   172.16.1.28   node1    <none>           <none>
de2-876487cc-rztdt    1/1     Running   0          68m   172.16.0.56   master   <none>           <none>
de3-8499b9b5bd-grg4r  1/1     Running   0          56s   172.16.0.61   master   <none>           <none>
```

图 8-16 查看当前 Pod

4．创建服务发现

在 yaml 目录下，创建文件 s3.yaml，输入如下内容。

```
apiVersion: v1
kind: Service
metadata:
    name: s3
spec:
    selector:
      app: mysql
    ports:
    - name: http80
```

```
      port: 3306
      targetPort: 3306
```

由于 mysql 服务只需要对内部提供服务，所以不需要创建 NodePort 服务类型，这里需要注意 selector 字段的值是 app: mysql，是数据库 Pod 的标识，开放的端口是 3306，映射到后端服务的 3306 端口。

5. 查看 service 的 IP 地址

```
[root@master yaml]# kubectl get service s3
NAME   TYPE        CLUSTER-IP      EXTERNAL-IP   PORT(S)    AGE
s3     ClusterIP   10.107.189.18   <none>        3306/TCP   30m
```

通过查询发现，可以使用 10.107.189.18 访问后端容器服务。

6. 安装 Web 集群

在安装 Web 的数据库配置中，输入 service 的 IP 地址和数据库密码 1，发现已经连接成功了，如图 8-17 所示。

图 8-17　成功连接数据库

输入数据库名称和网站管理员密码，单击"继续"链接，就安装成功了，如图 8-18 所示。

图 8-18　动态 Web 安装成功

任务拓展训练

使用 Kubernetes 搭建一个 Dedecms 集群服务，要求：

1）程序数据一致。
2）数据库实现持久化数据。

项目小结

1）在生产环境下，一般使用编写 Yaml 文件的方式构建资源和服务。
2）在部署集群应用时，一定要注意程序数据一致性和数据库数据持久化。

▶习题

一、选择题

1. 以下关于 Pod 和控制器的说法中，正确的是（   ）。
   A．Pod 中只能有一个容器
   B．Pod 可以实现自动扩展功能
   C．Pod 中的容器共享网络和存储
   D．Pod 运行容器不需要节点有相关镜像
2. 关于 Deployment 控制器的说法，不正确的是（   ）。
   A．Deployment 控制器可以实现 Pod 服务的自恢复
   B．Deployment 控制器可以控制 Pod 服务的数量
   C．Deployment 控制器只能通过 YAML 文件创建
   D．删除 Deployment 控制器就删除了该控制器控制的 Pod

二、填空题

1. Deployment 控制器的 Pod 数量可以通过_____字段定义。
2. 定义 service 最重要的字段是_____。